机械行业高等职业教育系列教材

高等职业教育教学改革精品教材

构建 Web 应用系统

——基于 JSP+Servlet+JavaBean

主　编　孙华林

副主编　齐　燕　严春风

参　编　崔爱国　王　莹　印　梅

主　审　苏宝莉

U0217058

机械工业出版社

本书共 12 章，其中第 1 篇为基础篇（包括第 1～8 章），主要介绍了开发环境部署安装、HTML、CSS、JavaScript、Java 常见的集合 List 及 Map、JDBC 访问技术、JSP 技术概述、JSP 指令及脚本元素、JSP 内置对象等基础知识。第 2 篇为提高篇（包括第 9～12 章），主要介绍了 Servlet 技术、MVC 设计模式、高级 JDBC 技术（JNDI）、JavaBean、JSP 标准动作、EL 表达式及 JSTL 标准标签库等。全书采用一个完整的"新闻发布系统"案例（有前台新闻浏览和后台发布管理），将上述零散的知识点全部贯穿于项目案例中，使读者可以在真正的项目案例中掌握技术知识点，真正实现"学中做、做中学"。

本书可作为高等职业技术学院、各类计算机培训学校、高等专科学校、成人高校、本科院校承办的二级职业技术学院的计算机相关专业 Java 语言课程的教材，还可供各类计算机软件开发人员入门学习时使用。

为方便教学，本书配备电子课件等教学资源。凡选用本书作为教材的教师均可登录机械工业出版社教材服务网 www.cmpedu.com 注册后免费下载。如有问题请致电 010-88379375 联系营销人员。

图书在版编目（CIP）数据

构建Web应用系统：基于JSP+Servlet+JavaBean/孙华林主编.

—北京：机械工业出版社，2014.4（2024.7重印）

机械行业高等职业教育系列教材. 高等职业教育教学改革精品教材

ISBN 978-7-111-46510-2

Ⅰ.①构… Ⅱ.①孙… Ⅲ.①JAVA语言—网页制作工具—高等职业教育—教材 Ⅳ.①TP312 ②TP393.092

中国版本图书馆CIP数据核字（2014）第082800号

机械工业出版社（北京市百万庄大街22号 邮政编码 100037）

策划编辑：边 萌 责任编辑：边 萌 范成欣

封面设计：路恩中 责任印制：常天培

北京机工印刷厂有限公司印刷

2024 年 7 月第 1 版第 8 次印刷

184mm×260mm · 17.5印张 · 431千字

标准书号：ISBN 978-7-111-46510-2

定价：45.00元

电话服务　　　　　　　　　　网络服务

客服电话：010-88361066　　机 工 官 网：www.cmpbook.com

　　　　　010-88379833　　机 工 官 博：weibo.com/cmp1952

　　　　　010-68326294　　金 书 网：www.golden-book.com

封底无防伪标均为盗版　机工教育服务网：www.cmpedu.com

前　　言

Java EE 平台以其平台无关性、安全性等特点受到了广大软件开发者的广泛关注。

然而当前，软件人才是困扰 IT 企业发展的第一大问题，企业之间的竞争正在变成人才的竞争。同时，很多高校开设的软件课程的教学内容和企业的真正需求脱节，学生在完成大学学业时只掌握一些简单的基础知识，没有从事 Java EE 项目开发的经验，碰到问题时不知道如何下手，这样培养出来的学生不能胜任 IT 企业要求的"掌握实用技术并且能解决实际问题"的软件工程师职位。

这就需要一个好的引导者，引导他们与 IT 界的企业应用紧密结合，在实际的环境中学习和掌握实际案例，融理论、实践和技能为一体，学以致用。

本书正是本着上述目的而编写的，本书遵循以下原则：

一、以实用技能为基础

软件开发人员都知道，软件开发领域所涉及的技术和知识点非常多，不同的行业、不同的项目都会使用不同的技术，而 Java EE 平台所涉及的技术及知识点更是让人眼花缭乱。现在市场上很多软件开发方面的书籍都是繁杂的技术知识点的简单罗列，学生、尤其是初学者阅读到上述书籍时往往不知道从何学起，更有很多初学者研读完这样的书籍后由于技术知识点繁多而不知道如何在项目中运用这些技术知识点。本书将在实际应用中把一些常用的技术知识点全部运用到案例中，而不是技术知识点的简单罗列。

二、以案例为主线

本书尝试以一个完整的新闻发布系统为主线贯穿全书。将相关琐碎的技术知识点的讲解贯穿在完整的案例开发过程中，通过具体的实施步骤完成预定的案例开发流程、任务，从而掌握相关技术知识点及其用法。

三、采用全新的"1221"模式下的理论教学和实践教学两个体系系统的编写模式

无论是理论教学还是上机（实践）教学，均以项目入手，每章内容围绕案例/项目展开，将各知识点的介绍融入到案例/项目的解决方案中，使学生的动手能力能得到很好的训练。现在的软件开发其实是对现实世界的生产、生活的模拟过程，因此在案例的选择上，本书尽量在考虑案例实用性的同时，也尽可能地增强案例的趣味性，并加强与日常生活中遇到的问题和现象的联系，从而帮助学生理解案例内容。

四、以提高动手能力为核心

本书以提高学生的动手能力、在学习 Java EE 基础知识点的同时增加学生项目开发经验为目标。鼓励学生勇于编码、乐于编码，同时大量反复地动手实践，让他们在学习的过程中逐步具备熟练、规范编码以及调试的能力，成为一名企业真正需要的"软件人才"。

本书配有电子教案、所有案例的源代码等相关资源，以方便教师教学。

　　本书可作为高等职业技术学院、各类计算机培训学校、高等专科学校、成人高校、本科院校举办的二级职业技术学院计算机相关专业 Java EE 方向的课程教材，还可供各类计算机软件开发人员学习时使用。

　　由于作者水平有限，在内容及结构上难免存在错误和不足之处，恳请各位同行和广大读者给予批评指正。

编　者

目　录

1

第 1 篇 基础篇

第1章 开发和运行环境简介及安装

本章简介

开发基于 J2EE（即 Java EE）的动态网站，首先需要建立开发环境和运行环境。Eclipse 是一个强大的开放源代码的开发平台，用它来编写 Java 代码十分方便快捷。MyEclipse 是对 Eclipse IDE 的扩展，利用它可以在数据库和 Java EE 的开发、发布以及应用程序服务器的整合方面极大地提高工作效率。它是功能丰富的 Java EE 集成开发环境（IDE），包括完备的编码、调试、测试以及发布功能。目前流行的 Java EE 应用服务器有 Apache Tomcat、WebLogic、WebSphere、Resin 等。由于 Tomcat 是常见的开放源代码免费软件，因此本书的案例全部采用 Tomcat 来测试及运行。

本书的案例采用 MyEclipse 8.0+Tomcat 6.0+JDK1.6+SQL Server 2000 平台实现一个完整的新闻发布系统。

本章学习目标

- 了解 Java EE 平台的主要特性。
- 了解 Java EE 平台的相关技术、应用服务器。
- 掌握 Java EE 的体系结构。

本章任务

- 掌握 MyEclipse 8 IDE、JDK、Tomcat 6.0、SQL Server 2000 的安装步骤及方法。
- 掌握在 MyEclipse 中配置 Tomcat 和 JDK 的方法。

1.1 Java EE 开发平台和应用平台介绍

1.1.1 Java EE 平台

Java 平台根据 API 和使用领域，主要分为以下 3 种技术：

1）Java SE（Java Platform, Standard Edition）定位在客户端，主要用于桌面应用软件的编程。

2）Java EE（Java Platform, Enterprise Edition）定义在服务器端 Java 的企业版，主要用于分布式网络程序的开发，如电子商务网站和 ERP 系统。

3）Java ME（Java Platform, Micro Edition）主要应用于嵌入式系统开发，如手机和 PDA 的编程。

Java EE（Java Platform，Enterprise Edition）是 SUN 公司（现被 Oracle 公司收购）定义的一个开发分布式企业级应用的规范。它提供了一个多层次的分布式应用模型和一系列开发技术规范。多层次分布式应用模型是指根据功能把应用逻辑分成多个层次，每个层次支持相应的服务器和组件，组件在分布式服务器的组件容器中运行（如 Servlet 组件在 Servlet 容器上运行，EJB 组件在 EJB 容器上运行），容器间通过相关的协议进行通信，实现组件间的相互调用。遵从这个规范的开发者将得到行业的广泛支持，使企业级应用的开发变得简单、快速。图 1-1 所示为 Java EE1.6 体系架构。

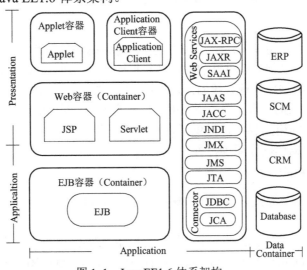

图 1-1　Java EE1.6 体系架构

Java EE 将组成一个完整的企业级应用的不同部分纳入不同的容器，每个容器中都包含若干个组件，同时各种组件都能使用各种 J2EE Service/API。Java EE 包括以下容器：

1）Web 容器。Web 容器包括 JSP 和 Servlet 两种组件，它们都是 Web 服务器的功能扩展，接受 Web 请求，返回动态的 Web 页面。Web 容器中的组件可以使用 EJB 容器中的组件完成复杂的商务逻辑。

2）EJB 容器。EJB 组件是 Java EE 的核心之一，主要用于服务器的商业逻辑功能的实现。EJB 规范定义了一个开发和部署分布式商业逻辑的框架，以简化企业级应用的开发，使其较容易地具备可伸缩性、可移植性、分布式事务处理、多用户和安全性等。

3）Applet 容器。Applet 是嵌在浏览器中的一种轻量级客户端。一般而言，仅当使用 Web 页面无法充分地表现数据或用户界面时才使用它。

4）Application Client 容器。Application Client 相对 Applet 而言是一种较重量级的客户端，它能够使用 Java EE 的大多数 Sercive 和 API。

为实现企业级分布式应用，Java EE 定义了丰富的技术标准，符合这些标准的开发工具和 API 为开发企业级应用提供支持。这些技术涵盖数据库访问、分布式通信、安全等，为分布式应用提供多方面的支持。

1. 组件技术

Java EE 的核心思想是基于组件/容器的应用。每个组件提供了方法、属性、事件的接口。

组件可以由多种语言开发。组件是可以重用的、共享的、分布的。

2. Servlets 和 JSP

Servlets 用来生成动态页面或接收用户请求产生相应操作（调用 EJB）。JSP 基于文本，通过容器产生相应的 Servlets，使内容和显示分开。J2EE 中提供了 Servlet API，用于创建 Servlets。

3. EJB 技术

EJB 规范提供了一种开发和部署服务器端组件的方法。每个 EJB 是按功能逻辑划分的，开发时不必关注系统底层细节问题，只关注具体的事务分析。EJB 开发完毕后，按规范部署在 EJB 容器，完成相应的事务功能。EJB 支持分布式计算，真正体现了企业级的应用。

4. 数据库访问

无论是传统的企业信息系统还是将来的企业信息系统，数据库都占有重要的地位。开发分布式系统要求数据库访问具有良好的灵活性和扩展性。JDBC（Java Database Connectivity）是一个独立于特定的数据库管理系统的开发接口。它提供一个通用的访问 SQL 数据库和存储结构的机制，支持基本 SQL 功能的一个通用底层的应用程序编程接口。它在不同的数据库界面上提供了一个统一的用户界面，提供了多种多样的数据库连接方式。Java EE 中提供了 JDBC API，使多种数据库操作简单、可行。

5. 分布式通信技术

分布式通信技术是分布式企业系统的核心技术。Java EE 框架为 Web 应用和 EJB 应用提供多种通信模式。

为了使运行于某一机器上的对象调用另一台机器的对象，Java EE 实现了如下通信方式：

1）Java RMI（Remote Method Invoke，远程方法调用）。Java RMI 实现 Java 对象间的远程通信。服务器用注册器把一个名字和远程对象绑在一起，客户机通过名字从服务器注册器上查找远程对象，找到后下载远程对象的本地代理，调用远程对象的方法。

2）Java IDL（Interface Definition Language，接口定义语言）。可以实现 Java 对象的符合 CORBA 规范的远程对象通信。

3）JNDI（Java Naming and Directory Interface，Java 命名和目录接口）。JNDI 为分布式系统访问远程对象提供了一个标准的命名接口。EJB 主接口对象、数据源、消息服务器等都可以用 JNDI 树的形式注册到名称服务器中，调用它们的对象通过符合 JNDI 的程序接口在 JNDI 名称服务器中查找指定名称的远程对象。

4）JMS（Java Message Service，Java 消息服务）。为开发消息中间件应用程序定义了一套规范。Java 客户端和 Java 中间层访问消息系统只要实现 JMS 定义的简单的接口，就可以实现复杂的应用，而不必去关注底层的技术细节。

Java EE 平台具有"一次编写、随处运行"的特性，完全支持 Enterprise JavaBeans、JSP 以及 XML 等技术。

1.1.2 MyEclipse IDE 简介

1. Eclipse

Eclipse 是一个开放源代码的、基于 Java 的可扩展开发平台，最初是由 IBM 公司开发的、替代商业软件 Visual Age for Java 的下一代 IDE 开发环境，2001 年 11 月贡献给开源社区，现在它由非营利软件供应商联盟 Eclipse 基金会（Eclipse Foundation）管理。Eclipse 基于插件的开发平台使得它具有很强的生命力和较大的灵活性，众多的插件的支持使得其功能越来越强大，许多软件开发商以 Eclipse 为框架开发自己的 IDE。

2．MyEclipse

MyEclipse 企业级工作平台是对 Eclipse IDE 的扩展，利用它可以在数据库和 Java EE 的开发、发布，以及应用程序服务器的整合方面极大地提高工作效率。它是功能丰富的 Java EE 集成开发环境，包括了完备的编码、调试、测试和发布功能，完整支持 HTML、Struts、JSF、CSS、JavaScript、SQL、Hibernate。

1.1.3　Tomcat 简介

Tomcat 是一个免费的开放源代码的 Serlvet 容器，它是 Apache 基金会的 Jakarta 项目中的一个核心项目，由 Apache、Sun 和其他一些公司及个人共同开发而成。由于有了 Sun 的参与和支持，最新的 Servlet 和 JSP 规范总能在 Tomcat 中得到体现。Tomcat 被 JavaWorld 杂志的编辑选为 2001 年度最具创新的 Java 产品，可见其在业界的地位。

1.2　安装开发环境

1.2.1　JDK 下载及安装

JDK（Java Developer's Kit）即 Java 开发工具包，有时也被称为 J2SDK。该软件工具包含 Java 语言的编译工具、运行工具以及软件运行环境（JRE）。JDK 是 Sun 公司（目前已经被 Oracle 公司收购）提供的一款免费的 Java 语言基础开发工具，在安装其他开发工具之前，必须首先安装 JDK，本书采用 JDK1.6 版本。

1．JDK 下载

首先获取 JDK，可以到官方网站 http://www.oracle.com/technetwork/java/javase/downloads/index.html 上进行下载，如图 1-2 所示。

图 1-2　下载 JDK（一）

单击"Latest Release"，可以进入图 1-3 所示的下载页面。

图 1-3　下载 JDK（二）

单击 JDK DOWNLOAD 按钮，进入图 1-4 所示的下载页面，进行下载即可，如图 1-4 所示。

Java SE Development Kit 6 Update 43		
You must accept the Oracle Binary Code License Agreement for Java SE to download this software.		
○ Accept License Agreement　　◉ Decline License Agreement		
Product / File Description	File Size	Download
Linux x86	65.43 MB	jdk-6u43-linux-i586-rpm.bin
Linux x86	68.45 MB	jdk-6u43-linux-i586.bin
Linux x64	65.65 MB	jdk-6u43-linux-x64-rpm.bin
Linux x64	68.7 MB	jdk-6u43-linux-x64.bin
Solaris x86	68.35 MB	jdk-6u43-solaris-i586.sh
Solaris x86 (SVR4 package)	119.92 MB	jdk-6u43-solaris-i586.tar.Z
Solaris SPARC	73.35 MB	jdk-6u43-solaris-sparc.sh
Solaris SPARC (SVR4 package)	124.72 MB	jdk-6u43-solaris-sparc.tar.Z
Solaris SPARC 64-bit	12.14 MB	jdk-6u43-solaris-sparcv9.sh
Solaris SPARC 64-bit (SVR4 package)	15.44 MB	jdk-6u43-solaris-sparcv9.tar.Z
Solaris x64	8.45 MB	jdk-6u43-solaris-x64.sh
Solaris x64 (SVR4 package)	12.17 MB	jdk-6u43-solaris-x64.tar.Z
Windows x86	69.76 MB	jdk-6u43-windows-i586.exe
Windows x64	59.83 MB	jdk-6u43-windows-x64.exe
Linux Intel Itanium	53.95 MB	jdk-6u43-linux-ia64-rpm.bin
Linux Intel Itanium	60.65 MB	jdk-6u43-linux-ia64.bin
Windows Intel Itanium	57.89 MB	jdk-6u43-windows-ia64.exe

图 1-4　下载 JDK（三）

2．JDK 的安装步骤

（1）下载完毕后，双击 jdk-6u43-windows-i586.exe 文件，首先进入自动解压界面。

（2）解压完后，进入许可证协议说明界面，如图 1-5 所示。

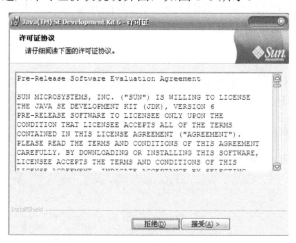

图 1-5　许可证协议说明界面

（3）单击"接受"按钮，进入自定义安装界面，选择要安装的组件（默认全部安装）和路径，如图 1-6 所示。

（4）单击图 1-6 中的"更改"按钮，可以改变安装路径，如图 1-7 所示。

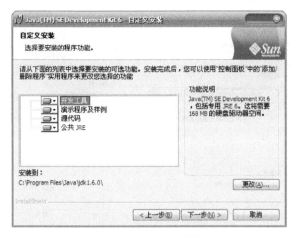

图 1-6　自定义安装界面

图 1-7　改变安装路径

（5）单击"确定"按钮，重新返回到图 1-6 所示的界面，单击"下一步"按钮即可进入安装界面，如图 1-8 所示。

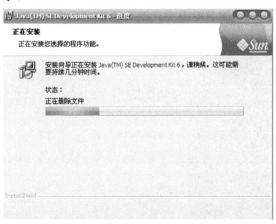

图 1-8　JDK 安装进度界面

（6）在 JDK 安装完成后，会自动弹出安装 JRE 的界面，如图 1-9 所示。

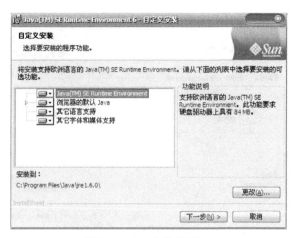

图 1-9　JRE 安装界面

（7）同样，单击"更改"按钮，改变 JRE 的安装路径（本书安装路径为 c:\java\jre1.6.0）后，单击"下一步"按钮，即可进入 JRE 安装界面，如图 1-10 所示。

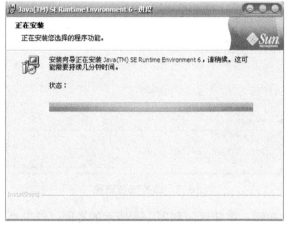

图 1-10　JRE 安装进度界面

（8）在弹出的安装完成界面中单击"完成"按钮，完成安装，如图 1-11 所示。

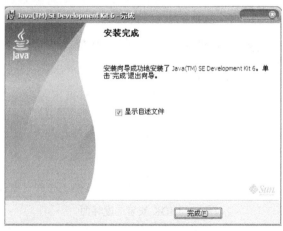

图 1-11　安装完成界面

1.2.2　MyEclipse 8.0 安装

在安装之前，要保证机器中的 JDK 开发包已经正确安装。

（1）双击 setup.exe，进入图 1-12 所示的安装界面。

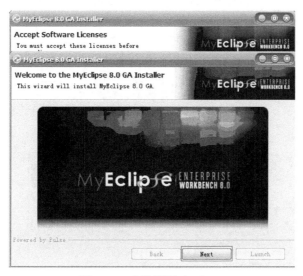

图 1-12　安装界面（一）

（2）单击"Next"按钮，进入图 1-13 所示的许可协议界面。

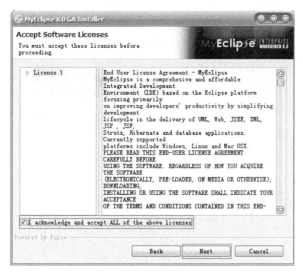

图 1-13　许可协议界面

（3）选中图 1-13 中的复选框，单击"Next"按钮，进入图 1-14 所示的界面。

（4）单击图 1-14 中的"Configure"按钮改变安装路径，如图 1-15 所示。

（5）单击图 1-15 中的"Next"按钮，进图 1-16 所示的安装界面，单击"Install"按钮即可完成安装。

图 1-14 安装信息界面

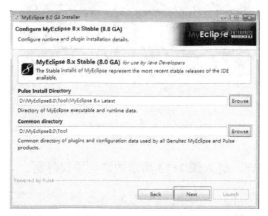

图 1-15 安装路径修改界面

图 1-16 安装界面（二）

1.2.3 Tomcat 下载及安装

1. 下载

Tomcat 是免费的开放源代码软件，可以在 http://tomcat. apache. org/上进行下载。

本书使用 Tomcat 6.0 版本。在安装之前要确保 JDK 成功安装。

2．安装步骤

（1）下载后解压，双击图标运行文件，即可进入安装界面，如图 1-17 所示。

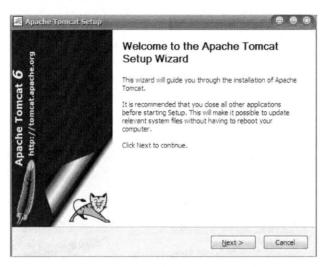

图 1-17　安装界面

（2）单击"Next"按钮，进入如图 1-18 所示的协议授权界面。

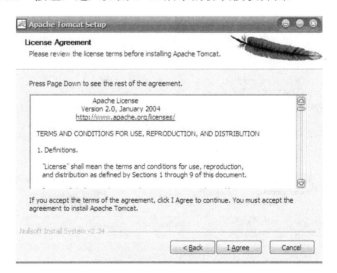

图 1-18　协议授权界面

（3）单击"I Agree"按钮，进入安装组件选择界面，如图 1-19 所示。

（4）单击"Next"按钮，进入路径选择界面，如图 1-20 所示。

（5）单击"Browse"按钮修改安装路径（这里安装在"c:\Tomcat6.0"路径下），单击"Next"按钮，进入安装配制界面，如图 1-21 所示。

（6）图 1-21 中的"8080"为 Tomcat 的端口号，这里采用默认设置。User Name 及 Password 是管理 Tomcat 的用户名和密码。输入用户名和密码，单击"Next"按钮进入图 1-22 所示的 JRE

配制界面。

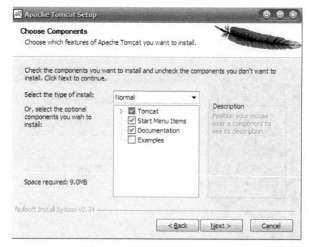

图 1-19　安装组件选择界面

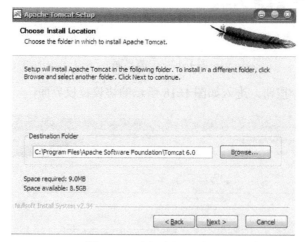

图 1-20　路径选择界面

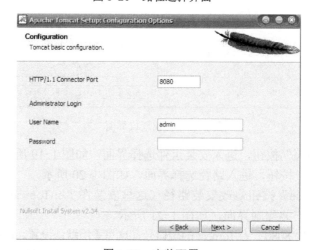

图 1-21　安装配置

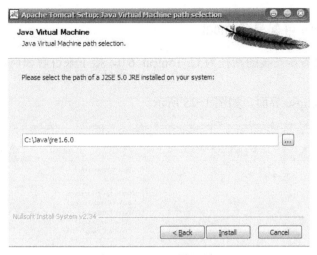

图 1-22　JRE 配置界面

（7）在图 1-22 中首先选择 JRE 的安装路径（如果在安装 Tomcat 之前 JDK 已成功安装，则会自动找到 JRE 的安装路径），单击"Install"按钮进入图 1-23 所示的安装进度界面。

图 1-23　安装进度界面

安装完成后，如果在浏览器地址中输入 http://localhost:8080，则能看到图 1-24 所示的界面，表示 Tomcat 安装成功。

图 1-24　Tomcat 运行主页

1.2.4 在 MyEclipse 中配置 Tomcat

现在 Tomcat 服务器安装的路径为 C:\Tomcat 6.0，接下来讲解如何在 MyEclipse 中配置 Tomcat。

（1）打开 MyEclipse 界面，如图 1-25 所示。

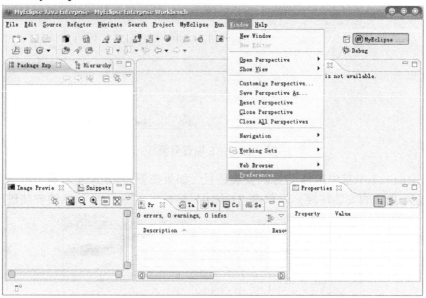

图 1-25 MyEclipse 界面

（2）单击"Windows"→"Perferences"，弹出如图 1-26 所示的界面。

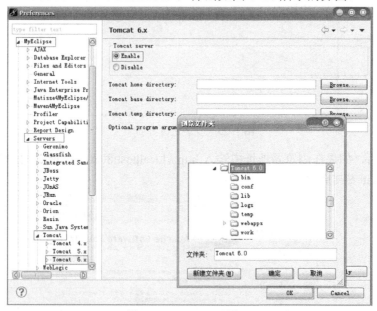

图 1-26 Tomcat 配置

（3）依次单击图 1-26 中的"MyEclipse""Servers""Tomcat""Tomcat 6.x"，选中"Enable"单选按钮，单击"Browse"按钮选择安装的 Tomcat 的根目录，单击"Apply"按钮，展开"Tomcat

6.x"节点，设置 JRE，如图 1-27 所示。

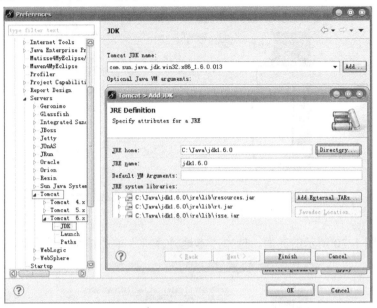

图 1-27　JRE 设置

（4）选中图 1-27 中的"JDK"节点，单击"Add"按钮，在弹出的对话框中选择 Java 虚拟机的安装路径 JRE，依次单击"OK"按钮即可。

1.2.5　安装 SQL Server 2000 数据库

本书案例采用 SQL Server 2000 数据库。

SQL Server 2000 中文版数据库管理系统需要安装在服务器上，安装步骤如下：

（1）将 SQL Server 2000 的光盘放入光驱，等待计算机自动运行。

（2）选择安装"SQL Server 2000 企业版"。

（3）在进入的新窗口中选择"安装 SQL 2000 组件"，单击"下一步"按钮。

（4）进入图 1-28 所示的界面，选择"安装数据库服务器"。

图 1-28　安装首界面

（5）进入图 1-29 所示的界面，单击"下一步"按钮。

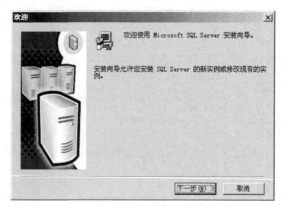

图 1-29　安装向导

（6）进入图 1-30 所示的界面，选中"本地计算机"单选按钮，单击"下一步"按钮。

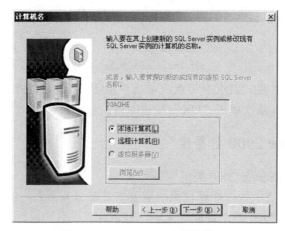

图 1-30　SQL Server 实例设置

（7）进入图 1-31 所示的界面，选中"创建新的 SQL Server 实例，或安装'客户端工具'"单选按钮，单击"下一步"按钮。

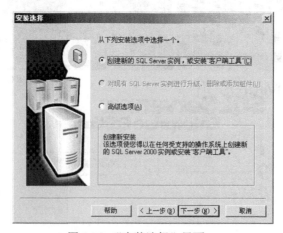

图 1-31　"安装选择"界面

（8）进入图 1-32 所示的界面，输入用户的姓名和公司的名称后单击"下一步"按钮。

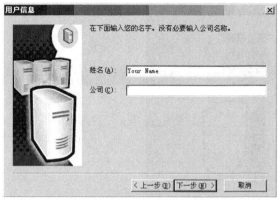

图 1-32　"用户信息"界面

（9）进入图 1-33 所示的界面，在阅读软件许可协议后，单击"是"按钮。

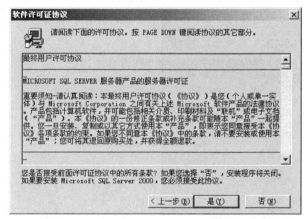

图 1-33　"软件许可证协议"界面

（10）进入图 1-34 所示的界面，选中"服务器和客户端工具"单选按钮后，单击"下一步"按钮。

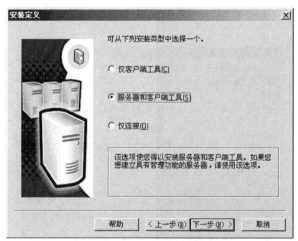

图 1-34　"安装定义"界面

（11）进入图 1-35 所示的界面，选中"默认"复选框后，单击"下一步"按钮。

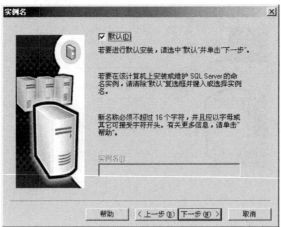

图 1-35 "实例名"界面

（12）进入图 1-36 所示的界面，选中"典型"单选按钮，并分别设置"程序文件"和"数据文件"的安装路径，单击"下一步"按钮。

图 1-36 "安装类型"界面

（13）进入图 1-37 所示的界面，选中"使用本地系统账户"单选按钮，单击"下一步"按钮。

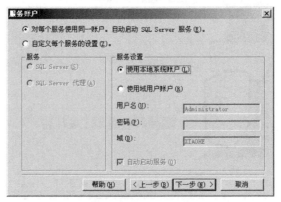

图 1-37 "服务账户"界面

（14）进入图 1-38 所示的界面，选择身份验证模式为"混合模式"，输入 sa 的登录密码。（为了数据库访问的安全，建议不要选择空密码）。

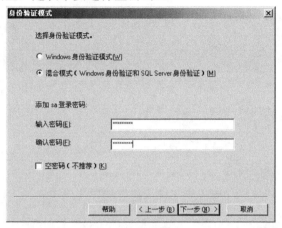

图 1-38　"身份验证模式"界面

（15）进入图 1-39 所示的界面后，单击"下一步"按钮。

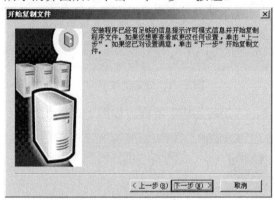

图 1-39　"开始复制文件"界面

（16）进入图 1-40 所示的界面后，选中"许可模式"选项区中的"每客户"单选按钮后，再设置每客户处理的设备数（不能为 0），单击"继续"按钮。

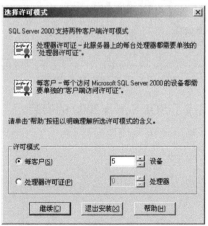

图 1-40　"选择许可模式"界面

注意：一般不要选中"处理器许可证"单选按钮。

（17）进入图 1-41 所示的界面。

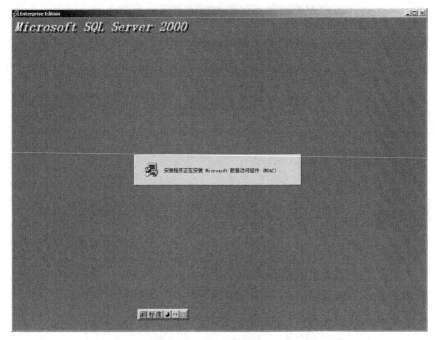

图 1-41　安装进度界面

文件复制完成后，弹出"安装完毕"界面，如图 1-42 所示。

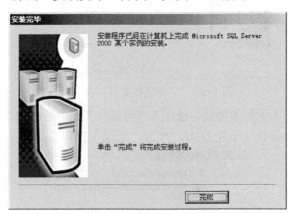

图 1-42　"安装完毕"界面

单击"完成"按钮，即完成了 SQL Server 2000 的安装。

第 2 章　第一个 Web 应用程序

本章简介

本章主要讲解 B/S 模式的特点、静态网页与动态网页的特点及区别；重点讲解了在 MyEclipse 平台下创建动态网站的步骤，Web 项目的目录结构、部署及运行 Web 项目的步骤和方法。最后介绍了初学 Web 程序开发者常碰到的错误及解决办法。

本章学习目标

- 了解 B/S 模式的特点及 B/S 模式相对 C/S 模式的优点。
- 了解动态网页的特点。
- 掌握 Web 项目的目录结构。

本章任务

创建"新闻发布系统"项目：

- 掌握在 MyEclipse 中创建 Web 项目、JSP 页面的步骤及方法。
- 掌握在 Tomcat 容器中部署、运行 Web 项目的方法。
- 掌握 Web 系统的调试方法及常见的排错技巧。

2.1　B/S 技术架构

当前，基于 Internet 技术的快速普及，很多以前采用 C/S 结构的应用软件开发市场都向 B/S（浏览器/服务器）模式转变。

B/S 是浏览器端/服务器端，程序完全放在服务器上，不用在浏览器上安装任何文件，它是基于 Internet 的产物。

B/S 结构下开发的软件程序完全可以放在应用服务器上，并通过应用服务器同数据库服务器进行通信。在客户机上无需安装任何客户端程序，系统界面是通过浏览器来展现的。这种结构带来的最大优点就是大大地简化了软件的升级维护过程。若修改了应用系统，只需要维护应用服务器就可以了，所有用户端只需打开浏览器，输入相应的网址，就可以访问到最新的应用系统。

2.1.1　B/S 模式的特点

B/S 中浏览器端与服务器端是采用请求/响应模式进行交互的，即"一问一答"的形式，如图 2-1 所示。

图 2-1　B/S 请求/响应模式

B/S 架构的请求及响应过程如下：

（1）客户端（即浏览器）接受用户的请求信息，如用户在 IE 中输入用户名、密码、电话号码等之类的信息，发送对系统的访问请求。

（2）客户端向应用服务器端发送请求，即客户端把用户的请求信息（如用户名、密码及电话号码等信息）发送到应用服务器端，等待应用服务器的响应。

（3）数据处理，即应用服务器端使用服务器端脚本语言（如 Java 语言、JSP 等）访问数据库服务器，从数据库中获取数据，并将获取的结果返回给应用服务器。

（4）返回响应，即应用服务器端向客户端发送响应信息，这个信息一般是动态生成的 HTML 页面，该页面返回到客户端后，由客户端浏览器解释 HTML 文件，进而将服务器端返回的响应信息呈现到用户的面前。

2.1.2　B/S 开发涉及的技术内容

B/S 开发涉及以下技术内容。

（1）Java 面向对象编程语言：必须掌握的重要的编程语言，更重要的是要掌握面向对象的编程思想。

（2）HTML 标记及 JavaScript 技术：要开发 B/S 结构的软件，必须掌握 HTML 与 JavaScript 技术，掌握 HTML 常用的标记，会使用 JavaScript 技术进行客户端验证。

（3）数据库编程：必须具备一种数据库编程能力（如掌握 SQL Server、Oracle、MySQL 等当前流行的数据库的一种），能够使用 SQL 语句和 JDBC 技术对数据库进行 CRUD（创建、读取、更新、删除）操作。

（4）JSP 技术：本书在讲解动态系统开发时主要采用 JSP 技术来构建商业化动态网站。

（5）Servlet 及 JavaBean 技术、JNDI 技术、高级 JDBC 技术、JSTL 标签、EL 表达式、MVC 模式等，也是本课程涉及的重要内容。

2.2　动态网页

图 2-2 所示为一个静态的网页。

图 2-2　静态网页

静态网站无法真正"动"起来——实现用户注册、用户登录、在线调查、在线搜索等功能，不能真正与用户实现互动。要想解决上面的问题，必须开发动态网站。

动态网页是指在服务器端运行的程序或者网页，它们会随着不同的用户、不同的时间、不同的请求条件返回不同的网页。

例如，登录各种论坛时，作为普通用户只能看到帖子的浏览页面；如果是论坛管理员登录，同样的页面就会呈现"删除""修改"等多种操作提示。

在日常生活中，对于广大上网用户来说，经常会用到的动态网页就是百度了。当在百度的搜索栏中输入关键字"JSP"并单击"百度一下"按钮时，页面就会自动搜索并排列出所有的有关"JSP"网址链接，如图 2-3 所示。

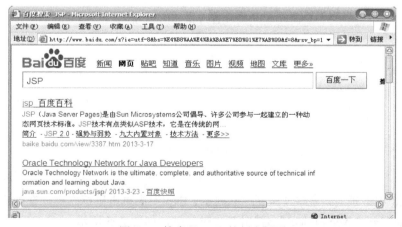

图 2-3　搜索"JSP"的百度页面

可见，动态页面有如下特点。

（1）交互性：即用户和系统的交互。网页会根据用户的要求和选择而动态改变和响应。例如，访问者在百度搜索栏中输入搜索信息并提交，服务器就会获取用户的提交信息并到后台服务器进行查询，将查询到的结果返回到相应的结果页面供用户查看。

（2）自动更新：只要用户提交请求，页面就会根据用户的请求信息自动更新页面并呈现在用户面前。

（3）随机性：不同的用户在不同的时间，提交不同的请求到同一个网址会产生不同的结果。

2.3 开发 Web 动态网站的步骤

下面将为大家介绍在 MyEclipse8.0+JDK1.6+Tomcat6 环境下开发 JSP 动态网站的具体步骤。

（1）在 MyEclipse 中创建一个 Web 项目。

（2）设计 Web 项目的目录结构：不同的文件放在不同的目录下以便更好地管理。在该步骤中将介绍每个目录的用途。

（3）编写 Web 项目代码：这里主要为大家介绍 JSP 页面文件的创建，后台 Java 代码在后面再详细介绍。

（4）在 MyEclipse 中部署 Web 项目：这里主要介绍如何将项目部署到 Tomcat 容器中。

（5）运行项目：启动 Tomcat 后在浏览器中输入 URL 地址就可以访问系统了。

2.3.1 创建第一个 Web 项目

打开软件 MyEclipse，其界面如图 2-4 所示。

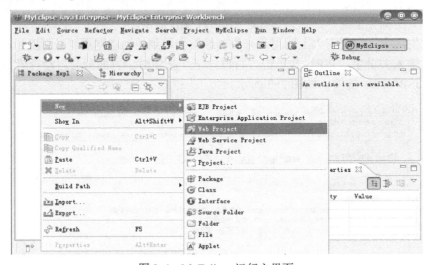

图 2-4 MyEclipse 运行主界面

（1）创建 Web 项目，在图 2-4 的"Package Expl"中单击鼠标右键，在弹出的快捷菜单中选择"New"→"Web Project"，弹出新建对话框，如图 2-5 所示。

图 2-5　Web 项目配置

（2）在图 2-5 中输入要创建的项目名称"NewsReleaseSystem"，选中"Java EE 5.0"单选按钮，单击"Finish"按钮，"新闻发布系统"就创建好了，此时可以在 MyEclipse 的包资源管理器"Package Explorer"中看到了。

2.3.2　Web 项目的目录结构

在 MyEclipse IDE 环境下，Web 项目要求按照特定的目录结构组织文件。当创建了一个新的 Web 项目后，可以看到这个 Web 项目的目录结构，它是由 MyEclipse 自动生成的，如图 2-6 所示。

图 2-6　Web 项目目录结构

下面介绍一下这些目录或者文件的用途。

（1）src 目录：专门用来存放 Java 源文件的一个目录。

（2）WebRoot 目录：Web 目录，所有的 Web 资源都可以放在这个目录下。这个目录由 META-INF 目录、WEB-INF 目录以及其他 Web 资源文件构成。

（3）META-INF 目录：该目录是由系统自动生成的，用于存放系统描述信息。信息放在一个文件名称为"MANIFEST.MF"的文件中。

（4）WEB-INF 目录：该目录下所有的资源不能被引用，即该目录下存放的文件无法对外部发布，用户也就无法访问到。该目录由 lib 目录和 web.xml 文件组成。lib 目录用来包含 Web 应用程序所必需的.jar 包，如果项目要访问 SQL Server 2000 数据库，必须将数据库的驱动程序放在这个目录下。web.xml 文件是一个重要的全局文件，包含 Web 应用程序的初始化配置信息，因此不能被删除或随意修改。

（5）index.jsp 文件：MyEclipse 在创建 Web 项目的时候自动为用户创建的一个 JSP 文件。利用 JSP 文件可以很方便地进行动态页面的编程。如何进行 JSP 文件的开发将在后面的章节中为读者进行介绍。

2.3.3 编写 Web 项目的代码

下面创建一个 JSP 页面。

（1）选中图 2-7 中的左边树形节点 "ch02"，单击鼠标右键，在弹出的快捷菜单中选择 "New" → "JSP"，即可以创建一个 JSP 页面，如图 2-8 所示。

（2）在图 2-8 中输入 JSP 页面的名称 "Welcome.jsp"，单击 "Finish" 按钮即可。

图 2-7　创建 JSP 页面（一）

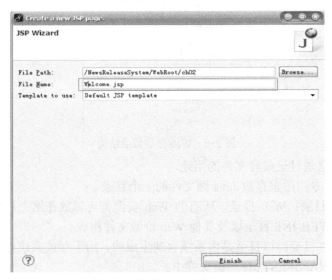

图 2-8　创建 JSP 页面（二）

（3）打开 "Welcome.jsp" 页面，在<body></body>的中间输入 "welcome！！！！"，单击 "保存" 按钮，JSP 页面就完成了。

2.3.4　部署第一个 Web 项目

下面将 Web 项目"NewsReleaseSystem"部署到 Tomcat 应用服务器下。

（1）单击 MyEclipse 工具栏上的 按钮，弹出如图 2-9 所示的对话框。

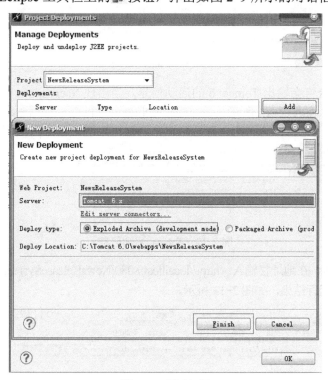

图 2-9　项目部署

在图 2-9 中选中需要部署的项目"NewsReleaseSystem"，单击"Add"按钮，在弹出的"New Deployment"窗口中选择应用服务器 Server 为"Tomcat6.x"，单击"Finish"按钮，即可部署项目。

（2）部署成功后的提示如图 2-10 所示。

图 2-10　项目部署成功提示

2.3.5　运行 Web 项目

单击 MyEclipse 工具栏中的启动 Tomcat 图标，选择"Tomcat6.x"→"Start"，启动 Tomcat 应用服务器，如图 2-11 所示。

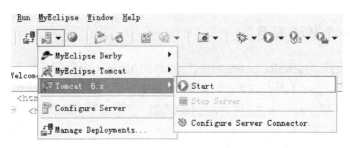

图 2-11　Tomcat 启动

此时，在控制台将会输出 Tomcat 6 的启动信息，当出现"server startup in 2913 ms"字样时，代表启动成功，如图 2-12 所示。

图 2-12　Tomcat 启动信息

开启 IE 浏览器，在地址栏输入：http://localhost:8080/NewsReleaseSystem/ch02/Welcome.jsp，按<Enter>键可查看运行结果，如图 2-13 所示。

图 2-13　运行结果

其中 URL 地址 http://localhost:8080/NewsReleaseSystem/ch02/Welcome.jsp，http 为超文本传输协议；localhost 代表本机，有时也可以用 127.0.0.1 来代替，或者直接使用机器的 IP 地址；8080 是 Tomcat 应用服务器的端口号；NewsReleaseSystem 为 Web 项目在 Tomcat 服务器中部署的项目名称（注意大小写）；Welcome.jsp 为请求的页面资源（注意大小写）。

2.4　Web 程序的调试与排错

下面为读者列出一些软件编程新手经常遇到的操作错误。

（1）Tomcat 服务没有启动服务，直接开启浏览器运行程序，如图 2-14 所示。

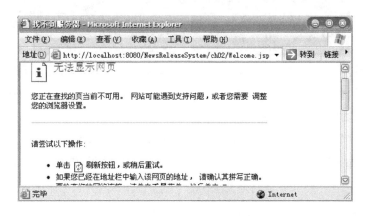

图 2-14　Tomcat 服务未启动

解决办法：检查 Tomcat 服务是否启动。在浏览器中输入 http://127.0.0.1:8080，如果出现"一只猫"，则启动成功，否则启动失败。按照 2.3.4 节"部署第一个 Web 项目"中的步骤来重新启动 Tomcat 应用服务器，就可以解决这个问题。

（2）Tomcat 服务已经成功启动，但是没有部署 Web 项目就直接运行程序，则会出现"404错误"，如图 2-15 所示。

图 2-15　程序未部署

解决办法：发生这种"404"错误的根本原因是请求的资源在 Tomcat 容器中不存在。首先查看图中被长方形框选中的信息，检查路径即请求页面是否正确，如果正确，则查看 Web项目是否被部署到 Tomcat 容器中。将 Web 项目部署到 Tomcat 容器中的方法可以参照 2.3.4节"部署第一个 Web 项目"。

（3）URL 地址拼写错误。例如，路径、大小写或者请求的页面不存在等，也会出现"404错误"，如图 2-16 所示。

解决办法：仔细查看图 2-16 中被长方形框选中的信息，发现"NewsReleaseSystem"被写成了"newsReleaseSystem"，即大写的"N"被写成了"n"，导致请求的路径发生了错误。

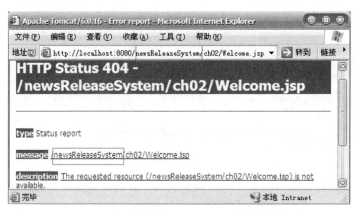

图 2-16　路径错误

第 3 章　使用客户端技术实现系统静态页面

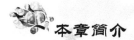 **本章简介**

在进行 Web 应用开发时，通常会用 HTML 语言来描述页面中要显示的内容。设置了要显示的内容以后，为了美化页面，还需要 CSS 样式表。另外，有时为了增强页面的灵活性，还需要应用 JavaScript 脚本语言。本章将对 Web 开发时常用的客户端应用技术中的 HTML、CSS 样式表和 JavaScript 脚本语言进行详细的介绍。

本章学习目标

- 掌握 HTML 的基本结构、常用标记及表单元素。
- 掌握 CSS 选择器的用法、样式表的引用。
- 熟悉 CSS 常用属性。
- 掌握 JavaScript 基本语法、流程控制、函数的定义及引用、事件处理。
- 熟悉 JavaScript 的 Window 对象的属性和方法。

 本章任务

创建"新闻发布系统"的静态页面。

- 掌握使用 HTML、CSS 创建"新闻发布系统"的页面的步骤及方法。
- 掌握使用 frameset 框架进行页面布局的搭建方法。
- 掌握在"新闻发布系统"页面中融合 JavaScript 脚本语言页面实现用户输入验证的方法。

3.1　采用 HTML 标记搭建系统页面布局

在进行 Web 项目开发时，无论是在 JSP 中，还是在其他的服务器端脚本中，HTML 都是最基本的内容。

3.1.1　HTML 页面的基本结构

在 MyEclipse 中创建 HTML 页面的步骤非常简单，首先选中项目的"webroot"节点，单击鼠标右键，在弹出的快捷菜单中选择"New"→"HTML"，将弹出一个新的"create a new htmlpage" 对话框, 在对话框的 "file name" 文本框中输入 "MyHtml01.html", 单击 "Finish", 即可创建 "MyHtml01.html" 页面, 如图 3-1 所示。

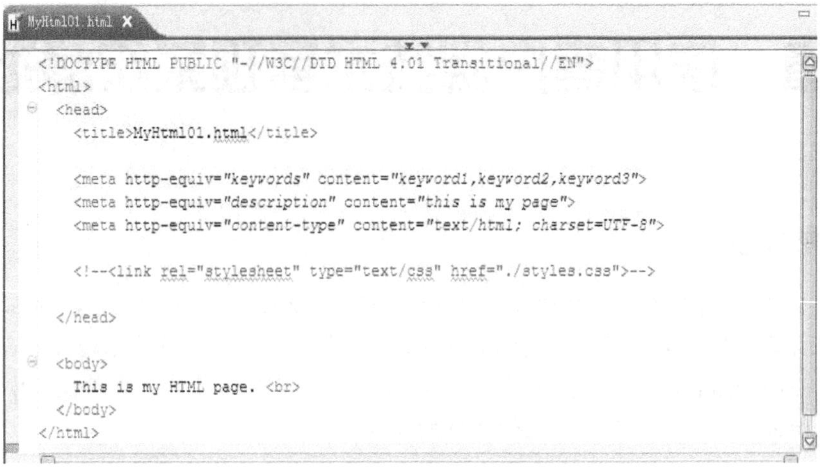

```
MyHtml01.html ✕

<!DOCTYPE HTML PUBLIC "-//W3C//DTD HTML 4.01 Transitional//EN">
<html>
  <head>
    <title>MyHtml01.html</title>

    <meta http-equiv="keywords" content="keyword1,keyword2,keyword3">
    <meta http-equiv="description" content="this is my page">
    <meta http-equiv="content-type" content="text/html; charset=UTF-8">

    <!--<link rel="stylesheet" type="text/css" href="./styles.css">-->

  </head>

  <body>
    This is my HTML page. <br>
  </body>
</html>
```

图 3-1 HTML 页面基本结构

从图 3-1 中可以看出, HTML 文档主要由 4 个标记组成, 即<html>、<head>、<title>和<body>。

<html>标记是 HTML 文件的开头, HTML 页面的所有标记都必须放在<html>和</html>之间。<head>标记是 HTML 的头标记, 可以放置 HTML 文件的信息, 如可以将定义 CSS 样式代码放在头标记中。<title>标记为标题标记, 可以定义网页的标题。<body>标记是 HTML 页面的主体标记。页面中的所有内容都定义在<body>标记中。

3.1.2 HTML 常用标记

换行标记可以实现网页中的文字换行操作, 其换行标记为
。这个标记和 HTML 其他标记不同, 不是成对出现的, 换行标记是一个单独标记。

（1）段落标记。段落标记在段前和段后各添加一个空行, 它是一个重要的标记, 以<p>标记开头, 以</p>标记结束。

（2）表格标记。表格是网页中十分重要的组成元素, 表格可以用来存储数据。表格包含标题、表头、行和单元格。表格标记使用<table>表示, 表格中还要定义行、列及标题等内容。

<table>…</table>标记用来表示整个表格, 其有很多属性。例如, width 属性用来设置表格的宽度, border 属性用来设置表格的边框, align 属性用来设置表格的对齐方式, bgcolor 属性用来设置表格的背景颜色等。<caption>…</caption>为表格的标题标记; <tr>…</tr>为行标记; <td>…</td>为列标记, 这些标记也有 align、background 等属性。

表格代码如下:

```
1.    <table width="500" border="1" align="center" height="76">
2.        <caption> 学生考试成绩表</caption>
3.            <tbody>
4.                <tr>
5.                    <td>
```

6. 姓名
</td>

7.<td> 语文

8.</td>

9.<td> 数学

10.</td>

11.<td> 英语

12.</td>

13.<td> 体育

14.</td>

15.</tr>

16.<tr>

17.<td>   张三</td>

18.<td>   60</td>

19.<td>   80</td>

20.<td>   88 </td>

21.<td>   87</td>

22.</tr>

23.<tr>

24.<td>   王五</td>

25.<td>   76</td>

26.<td> 78 </td>

27.<td>   90</td>

28.<td>   56</td>

29.</tr>

30.</tbody>

31.</table>

运行上述表格 HTML 后，结果如图 3-2 所示。

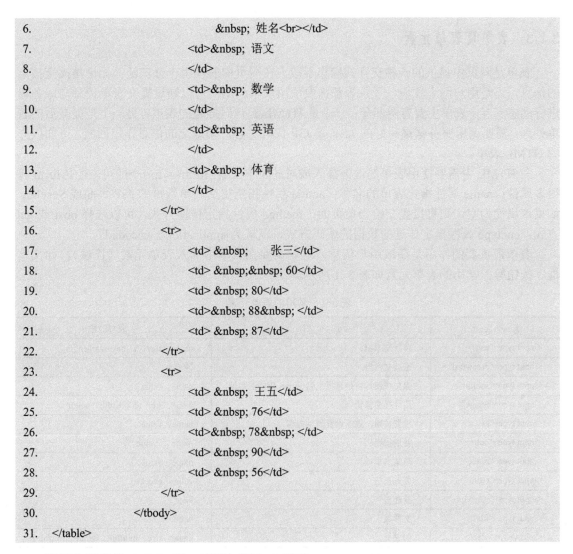

This is my HTML page.

学生考试成绩表

姓名	语文	数学	英语	体育
张三	60	80	88	87
王五	76	78	90	56

图 3-2 表格运行图

（3）超链接标记。在网页中，超链接可以实现从一个页面跳转到另外一个页面。超链接标记的语法非常简单，其语法格式如下：

```
<a href= "" >点我吧</a>
```

（4）图片标记。大家在浏览网页时通常会看到各式各样的图片，在页面中可以通过<img>标记来实现添加图片。<img>标记的语法格式如下：

```
<img src="uri" width = "value" height = "value" border = "value" alt = "提示文字">
```

3.1.3 表单及表单元素

表单是网页中提供的一种交互式操作手段，在网页中的使用十分广泛。无论是提交搜索的信息，还是用户网上注册、登录等都需要使用表单。用户可以通过提交表单信息与服务器进行动态交互。表单主要有两部分：一个是 HTML 源代码描述的表单；另一个是提交后的表单处理，需要调用服务器端写好的 Java 或 JSP 代码对客户端提交的信息作出回应。下面仅介绍 HTML 表单。

在 HTML 中需要使用表单的地方插入成对的表单元素<form></form>即可。其中 form 有很多属性：name 属性指定表单的名称；action 属性指定提交表单数据的 JSP 页面或 Servlet，如果该属性为空，则直接提交给当前页面；method 属性指定传输方式，可以选择 post 或 get 方式；enctype 属性指定传送的数据的编码方式，默认为 application/x-encoded。

表单最重要的作用是获取用户信息，这就需要在表单中加入表单元素（控件），如文本框、按钮等。常用的表单元素如表 3-1 所示。

表 3-1 常用的表单元素

表 单 元 素	说　　　明	常 见 属 性
<input type="text">	单行文本框	name、size、value、maxlength
<input type="password">	密码文本框	同上
<input type="submit">	提交按钮，将信息提交到 action 指向的地址	name、value
<input type="image">	图片提交按钮	name、src、alt、width、height
<input type="reset">	重置按钮，重新设置表单内容	name、value
<input type="button">	普通按钮	name 、value
<input type="hidden">	隐藏文本域	name、value
<input type="radio">	单选按钮	value、checked
<input type="checkbox">	复选框	同上
<input type="file">	文件域	name
<select>...</select>	列表框	name、size、multiple、value、disabled
<textarea>...</textarea>	多行文本框	rows、cols、name、disabled、readonly

3.1.4 使用 HTML 搭建系统静态页面

1. 开发任务

在 MyEclipse 中搭建"新闻发布系统"（后台管理）的部分静态页面，并在 MyEclipse 中部署运行。

任务一：设计并搭建系统目录结构，采用 frameset 搭建系统页面。

任务二：创建系统静态页面，指定系统欢迎页面。

任务三：系统部署并运行。

训练技能点：能熟练使用 HTML 标记搭建 Web 静态页面。

2. 具体实现

任务一：设计并搭建系统目录结构，采用 frameset 搭建系统页面。

（1）选中"WebRoot"，单击鼠标右键，在弹出的快捷菜单中选择"New"→"Folder"，新建文件夹"ch03"，用来存放新闻发布系统静态页面。

（2）按照同样的方式，在"ch03"文件夹下创建"images"，用来存放图片。

（3）在"ch03"文件夹中创建"新闻发布系统"后台管理的首页 index.html，如图 3-3 所示。

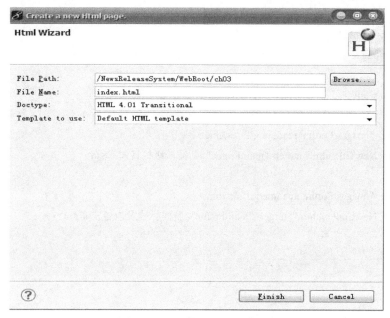

图 3-3　创建首页 index.html

使用 frame 及 frameset 框架搭建页面框架，部分代码如下：

```
1.  <FRAMESET rows="15%,80%, 5%" cols="*" border="0">
2.      <FRAME src="top.html" name="topFrame" scrolling="NO"      marginwidth="0"
            marginheight="0">
3.      <FRAMESET rows="*" cols="20%,80%"  >
4.          <FRAME src="left.html" name="leftFrame" scrolling="no"      marginwidth="0"
                marginheight="0">
5.          <FRAME src="welcome.html" name="mainFrame" scrolling="no"      marginwidth="0"
                marginheight="0">
6.      </FRAMESET>
7.      <FRAME src="bottom.html" name="bottomFrame" scrolling="NO"      marginwidth="0"
            marginheight="0">
8.  </FRAMESET>
```

整个页面分为 4 部分，即"topFrame""leftFrame""mainFrame"及"bottom"。其中"topFrame"使用"top.html"页面，"leftFrame"使用"left.html"页面，"mainFrame"使用欢迎页面"welcome.html"，"bottom"使用"bottom.html"页面。

任务二：创建系统静态页面，指定系统欢迎页面。

（1）分别创建 top.html、left.html、welcome.html 及 bottom.html 页面。

1）Top.html 页面部分代码如下：

```
1.  <body bgcolor="#FFFFFF" topmargin="0" marginwidth="0" onLoad="">
2.      <div align="center"><img src="images/banner.jpg" width="935"
```

```
3.          height="100"></div>
4.      </body>
```

2）left.html 页面部分代码如下：

```
1.  <BODY BGCOLOR="#E8EDEE">
2.   <br>
3.    <div align="center">
4.     <h3 > <img src="images/Internet.gif" ></img>欢迎光临新闻发布后台管理</h3>
5.    </div>
6.    <div align="left">
7.   <p >
8.    <img src="images/Forum_readme.gif" ></img>
9.    <a href="NewTitle.html" target="mainFrame">新闻一级栏目发布</a>
10.   <br>
11.   <img src="images/Forum_readme.gif" ></img>
12.   <a href="NewContent.html" target="mainFrame">新闻标题及内容发布</a>
13.   <br>
14. </p>
15. </div>
16. </BODY>
```

3）欢迎页面 welcome.html 页面部分代码如下：

```
1.  <table width="100%" border="0" align="right" cellpadding="0" cellspacing="0">
2.    <tr>
3.     <td width="614" height="403"> <img src="images/main-1.gif" width=590 height=433 alt="0"></td>
4.    </tr>
5.  < table>
```

4）bottom.html 页面部分代码如下：

```
1.  <div align="center"><p>
2.              建议使用IE6.0以上版本<br/>
3.              版权所有SHL工作室
4.          </p>
5.  </div>
```

（2）指定系统欢迎页面。

系统欢迎页面是系统开始运行时默认的首页，指定系统欢迎页面的好处是不用在浏览器中输入首页，系统在运行时即可以自动找到页面加载。

欢迎页面的配置方法：

打开"WEB-INF"文件夹下的 web.xml 文件，在<web-app>节点下增加一个子节点 <welcome-file-list>，在这个子节点中配置欢迎页面，代码如下所示：

```
1.  <?xml version="1.0" encoding="UTF-8"?>
2.  <web-app version="2.5"
```

```
3.        xmlns="http://java.sun.com/xml/ns/javaee"
4.        xmlns:xsi="http://www.w3.org/2001/XMLSchema-instance"
5.        xsi:schemaLocation="http://java.sun.com/xml/ns/javaee
6.        http://java.sun.com/xml/ns/javaee/web-app_2_5.xsd">
7.     <welcome-file-list>
8.        <welcome-file>index.html</welcome-file>
9.     </welcome-file-list>
10.  </web-app>
```

上述代码指定了页面"index.html"为系统的欢迎页面。

任务三：系统部署并运行。

（1）在 MyEclipse 中部署新闻发布系统：首先用鼠标选中系统的根目录"NewsRealease System"，单击 MyEclipse 中的按钮 ⚏，打开图 3-4 所示的对话框。

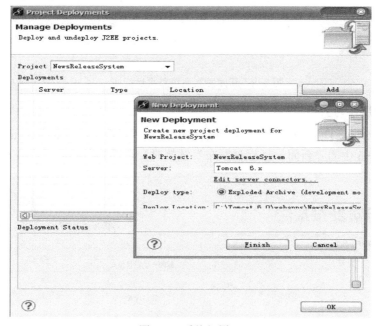

图 3-4　系统部署

在图 3-4 中单击"Add"按钮，打开"New Deployment"对话框，选中 Server 中的"Tomcat6.x"，单击"Finish"按钮、单击"OK"按钮，即可成功部署项目。

（2）单击 ⚏▾，就可以启动 Tomcat 服务器，如图 3-5 所示。

（3）在浏览器中只需要输入 http://localhost:8080/NewsReleaseSystem/ch03，即可打开 index.html 页面，如图 3-6 所示。

图 3-5　启动 Tomcat 服务器

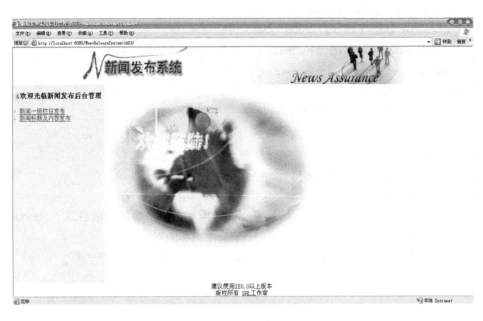

图 3-6　新闻发布系统首页运行图

【知识点拓展练习】:

（1）实现"NewsTitle.html"新闻栏目发布页面及"NewsTitle_success.html"发布成功页面，当单击图 3-6 中的"新闻一级栏目发布"链接时，页面将跳转到发布栏目的页面，如图 3-7 所示。

图 3-7　一级栏目页面

当单击图 3-7 中的"确定"按钮后，页面跳转到如图 3-8 所示的页面。

图 3-8　一级栏目发布成功提示页面

（2）实现"NewsContent.html"新闻标题及内容发布页面和"NewsContent_success.html"
发布成功页面，当单击图 3-6 中的"新闻标题及内容发布"链接时，页面将跳转到新闻标题
及新闻内容发布的页面，如图 3-9 和图 3-10 所示。

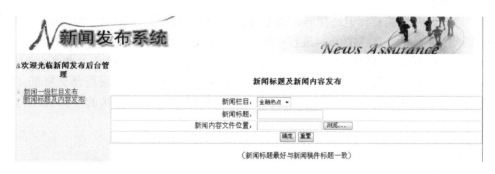

图 3-9　新闻标题及新闻内容发布页面

图 3-10　新闻标题及内容发布成功提示页面

3.2 CSS 点缀页面

CSS（Cascading Style Sheet，级联样式表）是一套标准，重新定义了 HTML 中原来的文字显示式样，增加了一些新概念，如类、层等。传统的 HTML 语言要实现页面美化在设计上比较麻烦。例如，设计页面中的文字样式，如果使用传统的 HTML 来设计页面就不得不在每个需要设计的文字上都定义样式，CSS 的出现，改变了这一传统模式。

3.2.1 CSS 规则及选择器

1．CSS 规则

在 CSS 样式表中包括 3 部分内容：选择符、属性和属性值，其语法格式如下：

选择符{属性：属性值}

1）选择符：又叫选择器，是 CSS 中重要的概念。所有的 HTML 语言中的标记都是通过不同的 CSS 选择器进行控制的。

2）属性：主要包括字体属性、文本属性、背景属性、布局属性、边界属性、列表项目属性、表格属性等内容。

3）属性值：指某个属性的属性值。属性与属性值之间使用"："分隔符。当有多个属性时，可以用"；"分隔。

2. CSS 选择器

CSS 选择器常用的有标记选择器、类选择器和 ID 选择器。在实现页面效果时可以使用不同的选择器对不同的 HTML 标记进行控制，从而实现各种效果。

（1）标记选择器。HTML 页面是由很多标记组成的，如超链接<a>、表格<table>、文本<input>、图片<img>等。CSS 标记选择器是指定页面中哪些标记采用什么样的 CSS 样式。例如，定义一个 a 标记选择器，在这个标记选择器中定义超链接的字体大小为 9px、颜色为灰色。

```
1.    <style>
2.        A{
3.            Font-size:9px;
4.            Font-family:宋体;
5.            Color:gray;
6.        }
7.    </style>
8.
```

（2）类选择器。类选择器的格式如下：. 类名称{属性：属性值}

类选择器的名称可以由用户自己定义，但是名称前面需要以"."号开头。要应用类选择器的 HTML 标记，只需要使用 class 属性来声明即可。采用类选择器定义的 CSS 样式如下：

```
1.    <style>
2.        .one{                       //定义类名为 one 的类选择器
3.            Font-family:隶书;        //设置字体为隶书
4.            Font-size:36px;         //设置字体大小为 36px
5.            Color:red;               //设置字体颜色为红色
6.        }
7.        .two{                       //定义类名为 two 的类选择器
8.            Font-family:宋体;        //设置字体为宋体
9.            Font-size:24px;         //设置字体大小为 24px
10.           Color:blue;              //设置字体颜色为蓝色
11.       }
12.
13.       .three{                     //定义类名为 three 的类选择器
14.           Font-family:楷体;        //设置字体为楷体
15.           Font-size:12px;         //设置字体大小为 12px
16.           Color:gray;              //设置字体颜色为灰色
17.       }
```

```
18.        </style>
19.    <body>
20.        <h2    class = "one" > 采用第一个类选择器 one 实现的效果</h2>
21.        <p>内容 1</p>
22.    -------------------------------------------------------<br>
23.    <h2    class = "two" > 采用第二个类选择器 two 实现的效果</h2>
24.        <p>内容 2</p>
25.    -------------------------------------------------------<br>
26.    <h2    class = "three" > 采用第三个类选择器 three 实现的效果</h2>
27.        <p>内容 3</p>
28.    </body>
```

（3）ID 选择器。ID 选择器通过 HTML 页面中的标记 ID 属性来选择样式，与类选择器基本相同。但是由于一个 HTML 页面不能有两个相同的 ID 标记，因此定义的 ID 选择器也就只能被使用一次。

ID 选择器定义的语法格式为：<style> # {属性：属性值}</style>。

注意，ID 选择器要以"#"开头，后加 HTML 标记中的 ID 属性值。例如，使用 ID 选择器定义一个控制页面中的字体颜色的样式：

```
1.    <style>
2.    #first{
3.            Color:red;
4.        }
5.    #second{
6.            Color:blue;
7.        }
8.    </style>
9.    <body>
10.    <p id="first">使用 ID 选择器"first"实现的样式</p>
11.    <p id="second">使用 ID 选择器"second"实现的样式</p>
12.    </body>
```

3.2.2　样式表的引用

在 HTML 页面中包含的 CSS 样式主要有 3 种方式：行内式样式、嵌入式样式、外部链接式。

（1）行内式样式（Inline Style）。使用 style 属性，将 CSS 直接写在 HTML 标签中。

例如： 这行段落将显示为红色。

注意

　　style 属性可以用在<body>内的所有 HTML 标签上，但不能应用于<body>以外的标签，如<title>、<head>等标签。

（2）嵌入式样式表（Embedded Style Sheets）。嵌入式样式表使用"<style></style>"标签嵌入到 HTML 文件的头部中，代码如下：

```
1.      <head>
2.          <style type="text/css">
3.          <!--
4.          .class{
5.              color:red;
6.          }
7.          -->
8.          </style>
9.      </head>
```

注意

对于一些不能识别<style>标签的浏览器，使用 HTML 的注释标签<!--注释文字-->把样式包含进来。这样，不支持<style>标签的浏览器会忽略样式内容，而支持<style>标签的浏览器会解读样式表。

与行内样式表相比，嵌入式样式表更加便于维护。但是每个网站都不能由一个页面构成，而每个页面中功能同的 HTML 标记又要采用相同的样式，此时使用嵌入式样式表就显得比较笨重，用外部样式表即可以解决这个问题。

（3）外部样式表（Link Style Sheets）。在<head>标签内使用<link>标签将样式表文件链接到 HTML 文件中。代码如下：

```
1.      <head>
2.      <link rel="stylesheet" href="myclass.css" type="text/css" />
3.      </head>
```

3.2.3 CSS 常用属性

通过 CSS 可以美化页面，CSS 常用属性如表 3-2 所示。

表 3-2 CSS 常用属性

属 性 名 称	属性值示例	功 能 说 明
background	色彩 background-color: #FFFFFF 图片 background-image: url() 重复 background-repeat: no-repeat 滚动 background-attachment: fixed;(固定) scroll;(滚动) 位置 background-position: left(水平) top(垂直) 简写方法 background:#000 url(..) repeat fixed left top	用于设置背景颜色、背景图片等
border	border-style: dotted(点线); dashed(虚线); solid(实线); double(双线); groove(槽线); ridge(脊状); inset(凹陷); outset(凸出); border-width: 边框宽度 border-color:# 简写方法 border：width style color	用于设置边框的宽度、样式、颜色等

（续）

属　性　名　称	属　性　值　示　例	功　能　说　明
font	大小　font-size: x-large(特大); xx-small(极小)　一般中文用不到，只要用数值就可以，单位：PX、PD 样式　font-style: oblique(偏斜体); italic(斜体); normal(正常) 行高　line-height: normal(正常); 单位：PX、PD、EM 粗细　font-weight: bold(粗体); lighter(细体); normal(正常) 变体　font-variant: small-caps(小型大写字母); normal(正常) 大小写　text-transform: capitalize(首字母大写); uppercase(大写); lowercase(小写); none(无) 修饰　text-decoration: underline(下画线); overline(上画线); line-through(删除线); blink(闪烁) 常用字体：　(font-family):"Courier New", Courier, monospace, "Times New Roman", Times, serif, Arial, Helvetica, sans-serif, Verdana	字体属性，用来设置字体样式、粗细、大小等
List-style	类型　list-style-type: disc(圆点); circle(圆圈); square(方块); decimal(数字); lower-roman(小罗码数字); upper-roman; lower-alpha; upper-alpha 位置　list-style-position: outside;(外) inside 图像　list-style-image: url(..) 定位属性：　(Position) Position: absolute; relative; static;visibility: inherit; visible; hidden;overflow: visible; hidden; scroll; auto;clip: rect(12px,auto,12px,auto) (裁切)	列表属性

3.2.4　使用 CSS 样式美化"新闻发布"系统静态页面

1．开发任务

使用 CSS 样式表美化"新闻发布系统"静态页面。

任务一：使用行内式样式表及嵌入式样式表美化 left.html 页面。

任务二：使用外部样式表美化 NewsContent.html 页面。

训练技能点：会使用 CSS 样式表（嵌入式、外部链接式）美化 Web 界面。

2．具体实现

任务一：使用行内式样式表及嵌入式样式表美化 left.html 页面。

（1）编写嵌入式样式表。

打开 left.html 页面，在节点<head></head>中间嵌入<style></style>节点，编写嵌入式样式表。代码如下所示：

```
1.   <style>
2.   #htglDiv {
3.       background:url(images/menu_bg.gif) repeat-y;
4.       width:196px;
5.       color:#003399;
6.       font-size:20px
7.   }
8.
```

43

```
9.    body {
10.       padding-right: 0px;
11.       padding-left: 0px;
12.       padding-bottom: 0px;
13.       margin: 0px;
14.       font: 13px/ 20px arial, helvetica, sans-serif;
15.       padding-top: 0px
16.   }
17.
18.   .lmglDiv {
19.       background-color:while;
20.       width: 204px;
21.       font: 12px Arial, Helvetica, sans-serif;
22.   }
23.
24.   .lmglDiv a {
25.       padding: 2px 9px;
26.       color: #003399;
27.       text-decoration: none;
28.       font-weight: normal;
29.   }
30.   .lmglDiv-hattu {
31.       background: url(/images/leng.jpg) no-repeat;
32.       width: 205px;
33.       height: 20px;
34.   }
35.
36.   body.page_bgk {
37.       background: url(images/page_bgk.gif) white repeat-y
38.   }
39.   </style>
```

（2）修改 left.html 页面中的<body></body>之间的内容。

将<body></body>之间的内容修改为如下代码：

```
1.    <body class="page_bgk"   >
2.      <div align="center" id="htglDiv">
3.    <img src="images/Internet.gif" width="13px" />后台管理
4.    </div>
5.      <div style="color:#003399;fontp-size:10px" align="left">
6.    <img src="images/folder.gif"   />新闻栏目管理
```

44

```
7.    </div>
8.      <div class = "lmglDiv" >
9.    <div class="lmglDiv-hattu">  
10.   <img src="images/Forum_readme.gif" ></img>
11.   <a href="NewsTitle.html" target="mainFrame">新闻栏目添加</a>
12.   </div>
13.   <div class="lmglDiv-hattu">  
14.   <img src="images/Forum_readme.gif" ></img>
15.   <a href="#" target="mainFrame">新闻栏目修改</a>
16.   </div>
17.   <div class="lmglDiv-hattu">  
18.   <img src="images/Forum_readme.gif" ></img>
19.   <a href="#" target="mainFrame">新闻栏目删除</a>
20.   </div>
21.   </div>
22.
23.     <div style="color:#003399;fontp-size:10px" align="left">
24.   <img src="images/folder.gif"   />新闻内容管理</div>
25.     <div class = "lmglDiv" >
26.       <div class="lmglDiv-hattu">  
27.   <img src="images/Forum_readme.gif" ></img>
28.   <a href="NewsContent.html" target="mainFrame">新闻内容维护</a></div>
29.     </div>
30.   </body>
```

（3）使用 CSS 样式美化后的 left.html 页面效果图如图 3-11 所示。

任务二：使用外部样式表美化 NewsContent.html 页面。

（1）在"WebRoot"下创建一个文件夹"CSS"，然后在"CSS"文件夹下创建一个"File"文件——"linkstyle.css"，如图 3-12 所示。

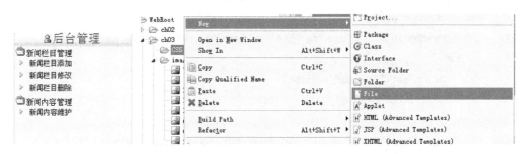

图 3-11　美化后的 left.html 页面效果　　　　　图 3-12　创建 CSS 文件

（2）在"linkstyle.css"中输入如下代码：

```
1.    table.admintable {
```

```
2.        border: 1px solid #AEDEF2;
3.        border-collapse: collapse;
4.    }
5.
6.    td.admintd {
7.        color: #0066cc;
8.        background-color: #eef6fe;
9.        font-size: 14px;
10.       color: #05B;
11.       border: 1px solid #AEDEF2;
12.       filter: progid : DXImageTransform.Microsoft.gradient ( startColorStr =
13.            #AEDEF2, endColorStr = ghostwhite );
14.    }
15.
16.    td.admincls0 {
17.       border: 1px solid #AEDEF2;
18.       background: ghostwhite;
19.       font-size: 12px;
20.       font-family: 新宋体;
21.       color: #333;
22.    }
23.
24.    #title{
25.       color:#0066cc;
26.       font-size:30px;
27.    }
```

（3）修改 NewsContent.html 页面代码如下：

```
1.  <h1 align="center" id="title">新闻标题及新闻内容发布</h1>
2.  <form   method="post" action="NewsContent_success.html" >
3.    <table width="100%"   cellspacing="1" cellpadding="0"   class="admintable">
4.      <tr>
5.        <td   height="29" class="admintd">
6.          <div align="right">新闻栏目：</div>
7.        </td>
8.        <td   valign="middle" align="right" height="29"   class="admincls0">
9.          <div align="left">
10.           <select name="parenttitle">
11.             <option >金融热点</option>
12.             <option >体育新闻</option>
```

13.	\<option\>房产咨讯\</option\>
14.	\</select\>
15.	\</div\>
16.	\</td\>
17.	\</tr\>
18.	\<tr\>
19.	\<td class="admintd"\>
20.	\<div align="right"\>新闻标题：\</div\>
21.	\</td\>
22.	\<td　align="left"　class="admincls0"\>
23.	\<div align="left"\>
24.	\<input type="text" name="titlename" size="20" value=""\>
25.	\</div\>
26.	\</td\>
27.	\</tr\>
28.	\<tr\>
29.	\<td class="admintd"\>
30.	\<div align="right" \>新闻内容文件位置： \</div\>
31.	\</td\>
32.	\<td align="left" class="admincls0"\>
33.	\<input type="file" name="filepath"\>
34.	\</td\>
35.	\</tr\>
36.	\<tr\>
37.	
38.	\<td align="center" colspan="2"\>
39.	\<div align="center"\>
40.	\<input type="submit" name="Submit2" value="确定" onClick ="return checkTitleFile()"\>
41.	\<input type="reset" name="Reset" value="重置"\>
42.	\</div\>
43.	\</td\>
44.	\</tr\>
45.	\</table\>
46.	\<p align="center"\>\<font face="隶书" size="4"\>注意：1)发布前请认真检查输入的内容是否正确;\<br/\> 2)新闻标题最好与新闻稿件标题一致\</font\>\<font face="隶书"\>。\</font\>\</p\>
47.	\</form\>

采用外部样式表美化的新闻内容发布页面 NewsContent.html 效果如图 3-13 所示。

图 3-13　美化的新闻内容发布页面效果图

【知识点拓展练习】:

（1）采用外部样式表美化新闻栏目发布页面"NewsTitle.html"及发布成功提示页面"NewsTitle_success.html"。

（2）采用内部样式表美化 bottom.html 页面。

3.3 使用 JavaScript 实现客户端验证

JavaScript 是一种基于对象和事件驱动并具有安全性能的解释型脚本语言，在 Web 应用中非常广泛，使用时只需要将脚本语言嵌入页面中即可。在 Java Web 编程中，经常使用 JavaScript 进行用户数据验证等。

3.3.1 基本语法

JavaScript 与 Java 在语法上有些相似，但又不尽相同。下面给出编写 JavaScript 代码时需要注意的事项：

1）区分大小写。

2）变量不区分类型，都是用 var 定义。

3）独占一行的语句，结尾可以省略分号。

4）注释与 C、C++、Java、PHP 相同，可以使用单行注释"//"，也可以使用多行注释（以"/*" 开头，以 "*/" 结尾）。

5）代码段要封闭，即使用一对大括号标记代码块，被封装在大括号里的代码块将按照顺序执行。

1. 关键字及保留字

JavaScript 也有关键字和保留字，在 JavaScript 中具有特定的含义。图 3-14 所示为 JavaScript 中的关键字。

break	case	catch	continue	default	delete
do	else	finally	for	function	if
in	instanceof	new	return	switch	this
throw	try	typeof	var	void	while
with	abstract	boolean	byte	char	class
const	double	int	long	private	public
short	static	super	this	throws	interface
protected	throws	package	final	float	extends

图 3-14　JavaScript 中的关键字

2．变量及运算符

（1）变量的声明和赋值。

在 JavaScript 中，变量的命名规则与 Java 相同。JavaScript 是一种弱类型语言，也就是在变量声明时不需要指定变量类型，变量的类型会由赋给变量的值决定。在 JavaScript 中，变量是使用 var 声明的。

变量声明的格式如下：var 合法的变量名

var 是声明变量所使用的关键字。合法的变量名是遵守 JavaScript 变量命名规则的。在 JavaScript 中，合法的标识符的命名规则和 Java 以及其他许多语言的命名规则相同，第一个字符必须是字母、下画线（-）或美元符号（$），其后的字符可以是字母、数字或下画线、美元符号。例如：

```
1.   student
2.   _StuName
3.   $str
4.   n123
```

可以同时声明和赋值：

```
var   no=10;
```

可以在一行声明和给多个变量赋值：

```
var x,y=200;
```

在 JavaScript 中，可以不声明变量而直接使用：

```
x=9;
```

不推荐这样的写法，因为这样容易导致写错的变量名被当成新的变量，请使用变量之前声明变量，养成良好的编程习惯。

由于 JavaScript 采用弱类型的形式，因此读者可以不必理会变量的数据类型，即可以把任意类型的数据赋值给变量。

声明一些变量，代码如下：

```
1.   var prial=100              //数值类型
2.   var str="中国人民解放军"      //字符串
3.   var bt=false               //布尔类型
```

（2）运算符。

运算符是完成一系列操作的符号。JavaScript 的运算符按操作数可以分为单目运算符、双目运算符和多目运算符 3 种，按运算符类型可以分为算术运算符、比较运算符、赋值运算符、逻辑运算符和条件运算符 5 种。

1）算术运算符。

算术运算符用于连接运算表达式。算术运算符包括加（+）、减（-）、乘（*）、除（/）、取模（%）（就是取余数）、自加（++）、自减（--）等。+还可以用于连接字符串，如"hello"+"world"的结果是"hello world"。

2）比较运算符。

比较运算符用来连接操作数组成比较表达式。比较运算符的基本操作过程是：首先对操

作数进行比较，然后返回一个布尔值 true 或 false。比较运算符包括>、<、>=、<=、==、!=。

3）逻辑运算符。

JavaScript 支持的常用逻辑运算符包括!、||、&&。逻辑运算的结果为逻辑值 true 或者 false。

4）赋值运算符。

赋值运算符包括=、+=、-=、*=、/=。a+=b 表示 a=a+b。

5）条件运算符。

条件运算符是" ？:"。

表达式为：表达式 1? 表达式 2：表达式 3

先求解表达式 1， 若其值为真（非 0），则将表达式 2 的值作为整个表达式的取值，否则（表达式 1 的值为 0）将表达式 3 的值作为整个表达式的取值。例如，max=(a>b)?a:b 就是将 a 和 b 中较大的一个值赋给 max。

3.3.2 流程控制语句

流程控制语句对于任何一门编程语言都至关重要，JavaScript 也不例外。JavaScript 中提供了 if 条件判断语句、switch 分支语句、for 循环语句、while 循环语句、do…while 循环语句、break 语句以及 continue 语句等 7 种流程控制语句。

（1）分支控制语句。

1）条件语句。

if 语句是最基本、最常用的条件控制语句。通过判断条件表达式的值为 true 或者 false，来确定是否执行某一条语句。

语法格式如下：

```
if(expression)
{
    Statement;
}
```

若 expression 的值是 true，则执行大括号{}中的 statement；若 expression 的值是 false，则不执行大括号{}中的内容。

if…else 语句是 if 语句的标准形式，在 if 语句简单形式的基础之上增加一个 else 从句。当 expression 的值是 false 时，则执行 else 从句中的内容。

语法格式如下：

```
if(expression)
{
    statement1;
}
else
{
    statement2;
}
```

在 if 语句的标准形式中，首先对 expression 的值进行判断，如果它的值是 true，则执行 statement1 语句块中的内容，否则执行 statement2 语句块中的内容。

2）switch 语句

switch 是典型的多路分支语句，其作用与嵌套使用 if 语句基本相同，但 switch 语句比 if 语句更具有可读性，而且 switch 语句允许在找不到一个匹配条件的情况下执行默认的一组语句。

语法格式如下：

```
switch (expression)
{
    case judgement1:
        statement1;
            break;
    case judgement2:
        statement2;
            break;
            …
    default:
        defaultstatement;
            break;
}
```

switch 语句工作原理是：首先获取 expression 的值，然后查找和这个值匹配的 case 标签。如果找到相应的标签，则开始执行 case 标签后的代码块中的第一条语句，直到遇到 break 语句终止 case 标签；如果没有找到和这个值相匹配的 case 标签，则开始执行 default 标签（特殊情况下使用的标签）后的第一条语句；如果没有 default 标签，则跳过所有的代码块。

（2）循环控制语句。

1）for 语句。

for 语句是 JavaScript 语言中应用比较广泛的循环语句。通常 for 语句使用一个变量作为计数器来执行循环的次数，这个变量就称为循环变量。

语法格式如下：

```
for ( initialize; test; increment )
{
    statement
}
```

for 语句可以使用 break 语句来终止循环语句的执行。break 语句默认情况下是终止当前的循环语句，而当 break 语句与 Label 语句同时使用时就可以终止由 Label 语句标注的循环语句。

2）while 语句。

while 语句是基本的循环语句，也是条件判断语句。

语法格式如下：

```
while (expression)
{
    statement
}
```

若条件表达式 expression 的值为 true，则执行大括号{}中的语句，当执行完大括号{}中的语句后，再次检查条件表达式的值，如果还为 true，则再次执行大括号{}中的语句，如此反复执行，直到条件表达式的值为 false，结束循环，继续执行 while 循环后面的代码。

3.3.3　函数定义及调用

（1）函数定义。

函数实质上就是可以作为一个逻辑单元对待的一组 JavaScript 代码。使用函数可以使代码更简洁，提高重用性。

函数是由关键字 function、函数名加一组参数以及置于大括号中需要执行的一段语句定义的。函数与其他的 JavaScript 代码一样，必须位于\<script\>\</script\>标记之间。函数的基本语法如下：

```
<script language="javascript">
  function functionName(parameters){
      some statements;
  }
</script>
```

其中 functionName 为函数名称，parameters 为参数名称，无参函数的参数为空。

例如，下面定义了一个 scan 函数：

```
<script language="javascript">
function
  scan ()
  {
      alert("欢迎光临"); //弹出对话框
  }
</script>
```

（2）函数的调用。

函数的定义语句通常被放在 HTML 文件的\<HEAD\>段中，而函数的调用语句通常被放在\<BODY\>段中。如果在函数定义之前调用函数，则程序执行将会出错。

函数调用比较简单，如果要调用不带参数的函数，则使用函数名加上括号就可以了；如果要调用带参数的函数，则在括号中需要加上传递的参数，当参数有多个时，中间用逗号分开。

3.3.4 事件处理

JavaScript 与 Web 页面之间的交互是通过用户操作浏览器页面时触发相关事件来实现的。例如，在页面加载时需要触发 onload 事件，当用户单击"提交"或"注册"按钮时将触发按钮的 onclick 事件等。

事件处理程序是用于响应某个事件而执行的处理程序，事件处理程序可以是任意的 JavaScript 语句，但通常使用特定的自定义函数来实现对事件的处理。

表 3-3 给出常用的 JavaScript 事件。

表 3-3　常用的 JavaScript 事件

事　件	详　细　说　明
onabort	对象载入被中断时触发
onblur	元素或窗口本身失去焦点时触发
onchange	改变\<select\>元素中的选项或其他表单元素，失去焦点，并且在其获取焦点后内容发生过改变时触发
onclick	单击鼠标左键时触发。当光标的焦点在按钮上，并按下\<Enter\>键时，也会触发该事件
ondblclick	双击鼠标左键时触发
onerror	出现错误时触发
onfocus	任何元素或窗口本身获得焦点时触发
onkeydown	键盘上的按键（包括 Shift 或 Alt 等键）被按下时触发，如果一直按着某键，则会不断触发。当返回 false 时，取消默认动作

（续）

事　件	详 细 说 明
onkeypress	键盘上的按键被按下，并产生一个字符时发生。也就是说，当按下<Shift>或<Alt>等键时不触发。如果一直按下某键时，会不断触发。当返回 false 时，取消默认动作
onkeyup	释放键盘上的按键时触发
onload	页面完全载入后，在 Window 对象上触发；所有框架都载入后，在框架集上触发；<img>标记指定的图像完全载入后，在其上触发；或<object>标记指定的对象完全载入后，在其上触发
onmousedown	单击任何一个鼠标按键时触发
onmousemove	鼠标在某个元素上移动时持续触发
onmouseout	将鼠标从指定的元素上移开时触发
onmouseover	鼠标移到某个元素上时触发
onmouseup	释放任意一个鼠标按键时触发
onreset	单击"重置"按钮时，在<form>上触发
onresize	窗口或框架的大小发生改变时触发
onscroll	在任何带滚动条的元素或窗口上滚动时触发
onselect	选中文本时触发
onsubmit	单击"提交"按钮时，在<form>上触发
onunload	页面完全卸载后，在 Window 对象上触发；或者所有框架都卸载后，在框架集上触发

在使用事件处理程序对页面进行操作时，最主要的是如何通过对象的事件来指定事件处理程序。指定方式主要有以下两种：

（1）在 JavaScript 中调用事件处理程序，首先需要获得要处理对象的引用，然后将要执行的处理函数赋值给对应的事件。例如下面的代码：

```
1.    <input name="bt_save" type="button" value="保存">
2.      <script language="javascript">
3.        var b_save=document.getElementById("bt_save");
4.         b_save.onclick=function(){
5.            alert("单击了保存按钮");
6.         }
7.      </script>
```

说明：在页面中加入上面的代码并运行，当单击"保存"按钮时，将弹出"单击了保存按钮"对话框。

注意

在上面的代码中，一定要将<input name="bt_save" type="button" value="保存">放在 JavaScript 代码的上方，否则将弹出"b_save'为空或不是对象"的错误提示。

上面的实例也可以通过以下代码来实现：

```
1.    <input name="bt_save" type="button" value="保存">
2.    <script language="javascript">
3.    form1.bt_save.onclick=function(){
4.      alert("单击了保存按钮");
5.     }
6.    </script>
```

注意

在 JavaScript 中指定事件处理程序时，事件名称必须小写，才能正确响应事件。

（2）在 HTML 中分配事件处理程序，只需要在 HTML 标记中添加相应的事件，并在其中指定要执行的代码或是函数名即可。例如：

```
<input name="bt_save" type="button" value="保存" onclick="alert('单击了保存按钮');">
```

说明：在页面中加入上面的代码并运行，当单击"保存"按钮时，将弹出"单击了保存按钮"对话框。

3.3.5　Window 对象

Window 对象表示浏览器中打开的窗口，是一个全局对象，是所有对象的顶级对象。如果文档包含框架（frame 或 iframe 标签），则浏览器会为 HTML 文档创建一个 Window 对象，并为每个框架创建一个额外的 Window 对象。表 3-4 与表 3-5 将对 Window 对象的属性和方法进行介绍。

表 3-4　Window 对象的属性

属　　性	描　　述
closed	返回窗口是否已被关闭
defaultStatus	设置或返回窗口状态栏中的默认文本
document	对 Document 对象的只读引用
history	对 History 对象的只读引用
innerheight	返回窗口的文档显示区的高度
innerwidth	返回窗口的文档显示区的宽度
length	设置或返回窗口中的框架数量
location	用于窗口或框架的 Location 对象
name	设置或返回窗口的名称
navigator	对 Navigator 对象的只读引用
opener	返回对创建此窗口的窗口的引用
outerheight	返回窗口的外部高度
outerwidth	返回窗口的外部宽度
pageXOffset	设置或返回当前页面相对于窗口显示区左上角的 X 位置
pageYOffset	设置或返回当前页面相对于窗口显示区左上角的 Y 位置
parent	返回父窗口
screen	对 Screen 对象的只读引用
self	返回对当前窗口的引用。等价于 Window 属性
status	设置窗口状态栏的文本
top	返回最顶层的先辈窗口
window	window 属性等价于 self 属性，它包含了对窗口自身的引用
screenLeft screenTop screenX screenY	只读整数。声明了窗口的左上角在屏幕上的 x 坐标和 y 坐标。IE、Safari 和 Opera 支持 screenLeft 和 screenTop，而 Firefox 和 Safari 支持 screenX 和 screenY

表 3-5　Window 对象的方法

方　　法	描　　述
alert()	显示带有一段消息和一个确认按钮的警告框
blur()	把键盘焦点从顶层窗口移开
clearInterval()	取消由 setInterval()设置的 timeout
clearTimeout()	取消由 setTimeout()方法设置的 timeout
close()	关闭浏览器窗口
confirm()	显示带有一段消息以及确认按钮和取消按钮的对话框
createPopup()	创建一个 pop-up 窗口
focus()	把键盘焦点给予一个窗口
moveBy()	可相对窗口的当前坐标把它移动指定的像素
moveTo()	把窗口的左上角移动到一个指定的坐标
open()	打开一个新的浏览器窗口或查找一个已命名的窗口
print()	打印当前窗口的内容
prompt()	显示可提示用户输入的对话框
resizeBy()	按照指定的像素调整窗口的大小
resizeTo()	把窗口的大小调整到指定的宽度和高度
scrollBy()	按照指定的像素值来滚动内容
scrollTo()	把内容滚动到指定的坐标
setInterval()	按照指定的周期（以毫秒计）来调用函数或计算表达式
setTimeout()	在指定的毫秒数后调用函数或计算表达式

3.3.6　使用 JavaScript 实现用户输入验证

1．开发任务

继续升级"新闻发布系统"：使用 JavaScript 实现用户输入验证。

任务一：将页面"NewsTitle.html"中的栏目名称验证的 JavaScript 代码嵌入在页面中，实现用户输入验证功能。

任务二：将页面"NewsContent.html"中新闻标题验证的 JavaScript 代码封装在独立的 JS 文件中，以此实现用户输入验证功能。

训练技能点：能够使用 JavaScript 实现用户界面的输入验证。

2．具体实现

任务一：将页面"NewsTitle.html"中的栏目名称验证的 JavaScript 代码嵌入在页面中，实现用户输入验证功能。

（1）打开"NewsTitle.html"页面，在<head></head>之间或其他任何地方加入如下 JavaScript 代码：

```
1.    <script language="JavaScript" type="">
2.      function checkNewsFirstTitle()
3.      {
4.        if(form1.titlename.value ==null || form1.titlename.value==""){
```

```
5.        alert("请输入新闻一级栏目名称!");
6.        return false;
7.    }else{
8.        return true;
9.    }
10.  }
11.  </script>
```

（2）为"确定"按钮添加 onclick 事件，代码如下：

```
1.  <div align="center">
2.      <input type="submit" name="Submit2" value="确定" onclick="return    checkNewsFirstTitle();">
3.      <input type="reset" name="Reset" value="重置">
4.  </div>
```

当用户没有输入新闻一级栏目名称而直接单击"提交"按钮时，JavaScript 将弹出对话框提示"请输入新闻一级栏目名称"，用户输入验证效果如图 3-15 所示。

图 3-15 新闻一级栏目用户输入验证提示

任务二：将页面"NewsContent.html"中新闻标题验证的 JavaScript 代码封装在独立的 JS 文件中，以此实现用户输入验证功能。

（1）选中"ch03"文件夹，单击鼠标右键，创建"JS"文件夹。然后选中"JS"文件夹，单击鼠标右键，在弹出的快捷菜单中选择"new"，创建独立的 JS 文件"default.js"，如图 3-16 所示。

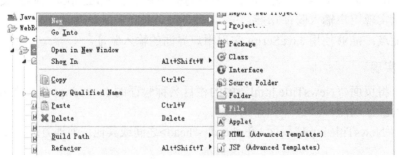

图 3-16 创建 JS 文件

（2）打开 default.js 文件，在其中输入如下代码：

```
1.  /*
2.   **1，新闻标题验证
```

56

```
3.      */
4.      function checkNewsTitleName()
5.      {
6.          if(form1.titlename.value ==null || form1.titlename.value=="")
7.          {
8.              alert("请输入新闻标题!");
9.              return false;
10.         }
11.
12.         return true;
13.     }
```

（3）在页面 NewsContent.html 中引入 JS 文件，代码写在<head></head>之间，代码如下所示：

```
1.      <script type="text/javascript" src="JS/default.js"></script>
```

当新闻标题没有输入时，将弹出如下界面，运行效果如图 3-17 所示。

图 3-17　新闻标题输入验证页面效果图（1）

图 3-16 中弹出的对话框中的信息为什么为乱码？

原来，在 HTML 页面中引用 js 文件时要指定字符集的编码方式，具体做法是：

```
1.      <script type="text/javascript" src="JS/default.js" charset="gb2312">
2.      </script>
```

修改后运行界面如图 3-18 所示。

图 3-18　新闻标题输入验证页面效果图（2）

第 3 章的内容完成后，"新闻发布系统"的系统组织结构如图 3-19 所示。

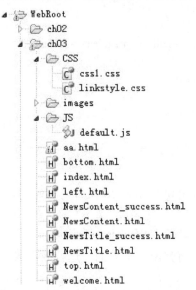

图 3-19 "新闻发布系统"的系统组织结构图

第4章 使用 List、Map 存储对象

本章简介

本章主要介绍集合对象。集合（collection）是存储多个元素的容器。集合用于存储、检索和操纵数据。本章重点讲解 List 接口及具体实现类 ArrayList 和 LinkedList、Map 接口及具体实现类 HashMap 的用法。在此基础上结合"新闻发布系统"，综合讲解实现类的具体用法及综合运用场合和技巧。

本章学习目标

- 掌握 Java 集合框架的常用接口 Collection、List。
- 掌握常用集合类 ArrayList、LinkedList、HashMap 的用法。
- 掌握常用集合类 ArrayList、LinkedList、HashMap 的使用场合。

本章任务

升级"新闻发布系统"，使用 ArrayList、LinkedList、HashMap 封装、存储新闻信息：
- 使用集合类存储新闻标题。
- 对新闻标题进行增、删、改、查。

4.1 集合概述

集合框架是 Java 技术中十分重要的内容。在 Web 应用程序开发的过程中，可以使用集合框架实现动态地存储对象（如 BBS 系统中的板块对象等）这类复杂的数据存储问题。

完整的 Java 集合框架位于 java.util 包中，其中包含众多的接口和类（接口的具体实现）。Java 集合框架由以下 4 个部分组成。

1）接口：代表集合的抽象数据类型。接口允许集合被独立操纵。在面向对象的软件开发中，接口通常形成层次结构。

2）抽象类：对集合接口的部分实现。可以扩展为自定义集合类。

3）实现类：这是集合接口的具体实现类。从本质上来说，这都是可以复用的数据结构。

4）算法：对集合进行排序等处理的多种静态（static）方法。

常用的集合接口和类有 List 接口、ArrayList 类、LinkedList 类，Map 接口、HashMap 类，Set 接口与 HashSet 类。下面是 Collection 接口的（部分）层次结构，如图 4-1 所示。

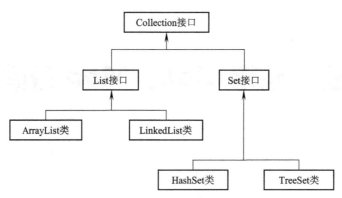

图 4-1　Collection 接口的层次结构

4.2　List 接口及具体实现类

从图 4-1 中可以看出，List 接口继承了 Collection 接口，它是一个允许重复项的有序集合。List 接口的具体实现类有 ArrayList 类和 LinkedList 类，其特征是：准许内部有重复元素存在、内部元素有特定的顺序。

4.2.1　使用 ArrayList 类存储对象

ArrayList 是 List 接口的一个可变长数组实现，实现了所有 List 接口的操作，并允许存储 null 值。除了没有进行同步，ArrayList 基本等同于 Vector。在 Vector 中几乎对所有的方法都进行了同步，但 ArrayList 仅对 writeObject 和 readObject 进行了同步，其他（如 add(Object)、remove(int)等）都没有同步。

ArrayList 是以 Array 方式实现的 List，允许快速随机存取操作，相对于 LinkedList，ArrayList 不适合进行插入和删除元素操作。

ArrayList 中常用的方法如表 4-1 所示。

表 4-1　ArrayList 中常用的方法

方 法 名 称	方 法 功 能
add(E o)	将指定的元素追加到此列表的尾部
add(int index,E element)	将指定的元素插入到此列表的指定位置
clear()	移除此列表中的所有元素
get(int index)	返回此列表中指定位置上的元素
isEmpty()	此列表中是否没有元素
size()	返回此列表中的元素
toArray()	返回一个按照正确的顺序包含此列表中所有元素的数组

1. 开发任务

在 Java 程序中，什么情况下会使用到 ArrayList 类，怎么使用？下面将通过一个案例来进行讲解。

60

　　任务：开发一个小型的内容管理系统（Content Management System），又叫"新闻发布系统（News Release System）"，下面都简称"新闻发布系统"。要求如下：

　　（1）可以存储各种新闻栏目。新闻栏目包括新闻栏目 ID、栏目名称、创建者、创建时间。

　　（2）可以获取新闻栏目的总数。

　　（3）可以逐条打印出新闻栏目的名称和创建者。

　　【分析】：

　　（1）根据需求，首先要确定数据的存储方式。

　　由于新闻栏目的数目不固定，因此不能用数组的存储方式来实现，要选取一种集合来实现，并且这个集合的存储的元素个数是可变的；又由于要实现逐条打印出新闻栏目的名称及创建者，因此又必须要求这个存储数据的数据结构能进行随机访问。经过分析，数据的存储方式可以使用 ArrayList 类来实现。

　　（2）确定数据的存储对象。

　　在需求描述中已经知道，要存储在 ArrayList 类中的数据是各类新闻栏目。因此首先需要创建一个新闻栏目类，来封装新闻栏目的一些属性（栏目 ID、栏目名称、创建者、创建时间）。

　　训练技能点：会使用 List 接口及具体实现类 ArrayList。

2. 具体实现

　　任务：使用 ArrayList 类实现新闻信息的存储及操作。

　　【步骤】：

　　（1）创建一个新闻栏目类 NewsClassify.java，如图 4-2 所示。

图 4-2　创建 NewsClassify

具体代码如下：

```
1.    package czmec.cn.news.ch04;
2.    public class NewsClassify
3.    {
4.         private int newsTypeID;  //新闻栏目ID
5.         private String titleName; //新闻栏目名称
6.         private String creator;  //栏目创建者
7.         private String createTime ;  //创建时间
8.         //对应的Get和Set方法
9.         public int getNewsTypeID() {
10.             return newsTypeID;
11.        }
12.        public void setNewsTypeID(int newsTypeID) {
13.             this.newsTypeID = newsTypeID;
14.        }
15.        public String getTitleName() {
16.             return titleName;
17.        }
18.        public void setTitleName(String titleName) {
19.             this.titleName = titleName;
20.        }
21.        public String getCreator() {
22.             return creator;
23.        }
24.        public void setCreator(String creator) {
25.             this.creator = creator;
26.        }
27.        public String getCreateTime() {
28.             return createTime;
29.        }
30.        public void setCreateTime(String createTime) {
31.             this.createTime = createTime;
32.        }
33.    }
```

（2）创建一个 NewsClassifyManage.java 类，具体代码如下：

```
1.    package czmec.cn.news.ch03;
2.    import java.util.ArrayList;
3.    import java.util.List;
4.    public class NewsClassifyManage
```

```
5.      {
6.      //定义一个逐条打印每个新闻栏目的方法
7.          public static void print(List newsTypeList)
8.          {
9.              //输出新闻栏目的数目
10.             System.out.println("新闻栏目的数目是: " + newsTypeList.size());
11.             for(int i=0;i<newsTypeList.size();i++)
12.             {
13.                 //使用ArrayList的get方法获取新闻栏目对象
14.                 NewsClassify newsClassify = (NewsClassify)newsTypeList.get(i);
15.                 System.out.println(i+1 + ":新闻栏目名称： " + newsClassify.getTitleName() + ",新闻创
    建者:" + newsClassify.getCreator());
16.             }
17.         }
18. }
```

上述代码中使用 get 方法将对象取出后，需要进行数据类型的强制类型转换。ArrayList
对象"newsTypeList"的 size()方法的返回值就是这个数据结构中存储的新闻栏目的数目。

（3）测试类 ArrayListTest.java 的实现，如图 4-3 所示。

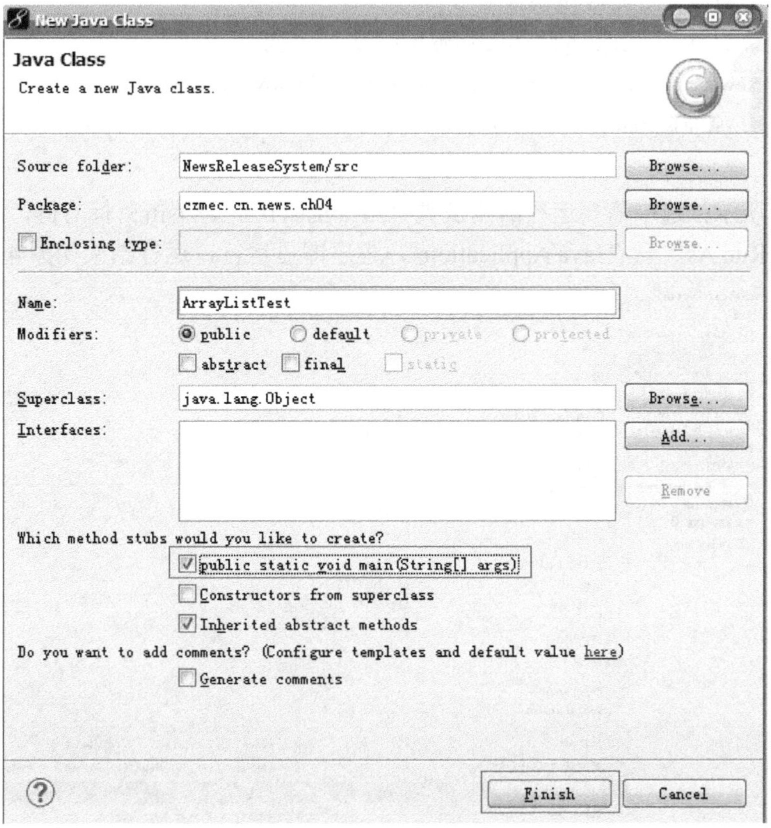

图 4-3　创建测试类

部分代码如下：

```
1.    //创建一个新闻栏目对象type1并进行赋值
2.            NewsClassify type1 = new NewsClassify();
3.            type1.setNewsTypeID(1);
4.            type1.setTitleName("娱乐");
5.            type1.setCreateTime("2012-3-5");
6.            type1.setCreator("小兵张嘎");
7.
8.            //创建一个新闻栏目对象type2并进行赋值
9.            NewsClassify type2 = new NewsClassify();
10.           type2.setNewsTypeID(2);
11.           type2.setTitleName("军事");
12.           type2.setCreateTime("2012-3-9");
13.           type2.setCreator("刘大锤");
14.           //创建一个ArrayList对象
15.           List newsTypeList = new ArrayList();
16.           //将新闻栏目对象放入到List中
17.           newsTypeList.add(type1);
18.           newsTypeList.add(type2);
19.           //调用NewsClassifyManage中的print方法实现功能
20.           NewsClassifyManage newsClass = new NewsClassifyManage();
21.           newsClass.print(newsTypeList);
```

（4）运行。

如图 4-4 所示，选中需要运行的测试类"ArrayListTest"，单击鼠标右键，在弹出的下拉菜单中选择"Run As"→"Java Application"，程序即可运行，运行结果如图 4-5 所示。

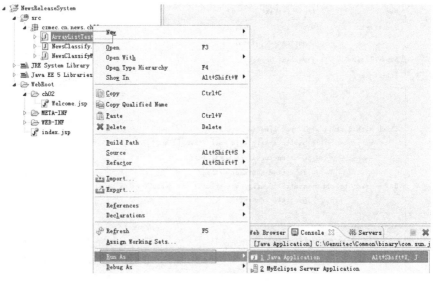

图 4-4　测试

64

图4-5 运行结果

【知识点拓展练习】：

（1）请实现在指定的位置添加一个新闻栏目。例如，在已经添加的栏目"娱乐"和"军事"之间添加新闻栏目"生活"。

（2）请实现提示是否已经添加了某条新闻栏目（如"军事"）。如果已经添加则提示用户"已经有军事栏目了"，否则提示用户"没有军事栏目"。

（3）请实现删除"生活"栏目的功能。

4.2.2 使用LinkedList 类存储对象

LinkedList 数据结构是一种双向的链式结构，每一个对象除了数据本身外，还有两个引用，分别指向前一个元素和后一个元素，和数组的顺序存储结构（如：ArrayList）相比，插入和删除比较方便，但速度会慢一些。

LinkedList 类除了实现了 ArrayList 类中的所有方法外，还有表4-2 中的一些特殊方法。

表4-2　LinkedList 类中提供的特殊方法

返回值类型	方 法 名 称	方 法 功 能
void	addFirst(Object o)	将指定的元素添加到此列表的首部
void	addLast(Object o)	将指定的元素追加到此列表的尾部
Object	getFirst()	获取列表中的第一个元素
Object	getLast()	获取列表中的最后一个元素
Object	removeFirst()	删除并返回列表中的第一个元素
Object	removeLast()	删除并返回列表中的最后一个元素

1．开发任务

Java 程序在什么情况下会使用到 LinkedList 类呢？下面将通过一个案例来进行分析讲解。

任务：升级上一节讲解的"新闻发布系统"，要求如下：

（1）可以直接添加头条新闻栏目。

（2）可以直接删除最后一个新闻栏目。

【分析】：

（1）根据需求，首先要确定数据的存储方式。

由于新闻栏目的数目不固定，因此不能用数组的存储方式来实现，要选取一种集合来实现，并且这个集合的存储的元素个数是可变的；又由于要实现直接添加头条新闻栏目以及直接删除最后一个新闻栏目，所以数据的存储方式可以使用 LinkedList 类来实现。

（2）确定数据的存储对象。

在需求描述中已经知道，要存储在 LinkedList 类中的数据是各类新闻栏目。这个新闻栏目类在上一节已经完成，可以直接引用。

训练技能点：会使用 List 接口及具体实现类 LinkedList。

2．具体实现

现在就使用 LinkedList 来实现"新闻发布系统"的升级版本。

【步骤】：

（1）打开已经创建的 NewsClassifyManage.java 类，在其中添加如下功能代码，实现需求。

具体代码如下：

```
1.    //定义一个使用LinkedList实现获取头条栏目、最末的栏目以及删除头条和最末栏目的方法
2.        public static void OperateNewsTypeByLinkedList(LinkedList newsTypeList)
3.        {
4.            //获取头条新闻栏目
5.            NewsClassify first = (NewsClassify) newsTypeList.getFirst();
6.            //获取最末端的新闻栏目
7.            NewsClassify last = (NewsClassify) newsTypeList.getLast();
8.            System.out.println("头条新闻栏目是:" + first.getTitleName());
9.            System.out.println("最后的新闻栏目是:" + last.getTitleName());
10.           //删除头条新闻栏目
11.           newsTypeList.removeFirst();
12.           //删除最后的新闻栏目
13.           newsTypeList.removeLast();
14.   System.out.println("LinkedList中存在的新闻栏目总数为：" + newsTypeList.size());
15.       }
```

（2）直接创建一个测试类 LinkedListTest.java，如图 4-6 所示。

图 4-6　测试 LinkedList

66

部分代码如下：

```
1.     //创建一个新闻栏目对象type1并进行赋值
2.              NewsClassify type1 = new NewsClassify();
3.              type1.setNewsTypeID(1);
4.              type1.setTitleName("娱乐");
5.              type1.setCreateTime("2012-3-5");
6.              type1.setCreator("小兵张嘎");
7.
8.               //创建一个新闻栏目对象type2并进行赋值
9.              NewsClassify type2 = new NewsClassify();
10.             type2.setNewsTypeID(2);
11.             type2.setTitleName("军事");
12.             type2.setCreateTime("2012-3-9");
13.             type2.setCreator("刘大锤");
14.             //创建一个LinkedList对象
15.             LinkedList newsTypeList = new LinkedList();
16.             //添加头条新闻栏目
17.             newsTypeList.addFirst(type1);
18.             //添加最末条新闻栏目
19.             newsTypeList.addLast(type2);
20.             //调用NewsClassifyManage中的print方法实现功能
21.             NewsClassifyManage newsClass = new NewsClassifyManage();
22.             newsClass.OperateNewsTypeByLinkedList(newsTypeList);
```

（3）运行。

运行结果如图 4-7 所示。

图 4-7　LinkedList Test 运行结果

【知识点拓展练习】：

（1）请实现判断 LinkedList 对象中是否存在某一数据。例如，判断是否存在"军事"新闻栏目，如果存在，提示用户"已经存在"，否则提示用户"不存在"。

（2）请实现判断 LinkedList 对象中是否有数据，如果没有数据，提示用户"为空"，否则提示用户有几条数据。

4.3　Set 接口和 HashSet 类

Set 也继承了 Collection 接口，但是它是一种不包含重复元素的 Collection，也就是说，在 Set 中最多只能有一个 null 元素。Set 接口的具体实现类也有两个：HashSet 类和 TreeSet 类。

Set 接口中也定义了很多方法，表 4-3 列举了几个编程过程中常用的方法。

表 4-3　Set 接口常用方法

返回值类型	方 法 名 称	功 能 描 述
Object[]	toArray()	返回一个包含 Set 中所有元素的数组
int	size()	返回 Set 集合中的元素个数
boolean	add(Object o)	向 Set 中添加元素
boolean	isEmpty()	判断 Set 中是否包含元素，不包含元素则返回 true

4.4　Map 接口和 HashMap 类

4.4.1　Map 接口

Map 接口与 List 和 Set 不同，它不是继承自 Collection 接口。它的层次结构如图 4-8 所示。

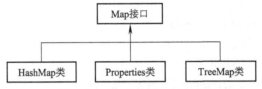

图 4-8　Map 接口的层次结构

Map 是一种把键对象和值对象进行关联的容器，而一个值对象又可以是一个 Map，依次类推，这样就可形成一个多级映射。对于键对象来说，像 Set 一样，一个 Map 容器中的键对象不允许重复，这是为了保持查找结果的唯一性。如果有两个键对象一样，那么想得到那个键对象所对应的值对象时就有问题了，可能得到的并不是想要的那个值对象，结果会造成混乱，所以键的唯一性很重要。当然在使用过程中，某个键所对应的值对象可能会发生变化，这时会按照最后一次修改的值对象与键对应。对于值对象则没有唯一性的要求，可以将任意多个键都映射到一个值对象上，这不会发生任何问题，但是对你的使用可能会造成不便。

从图 4-8 中可以看出，Map 有 3 种比较常用的实现：HashMap、Properties 和 TreeMap。

1）HashMap：用到了哈希码的算法，以便快速查找一个键。

2）TreeMap：对键按序存放，因此它有一些扩展的方法，如 firstKey()lastKey()等，还可以从 TreeMap 中指定一个范围以取得其子 Map。键和值的关联很简单，用 put(Object key,Object value) 方法即可将一个键与一个值对象相关联。用 get(Object key)可得到与此 key 对象所对应的值对象。

3）Properties：一般是把属性文件读入流中，以键-值对的形式进行保存，以方便程序员读取其中的数据。

4.4.2　使用 HashMap 来存储对象

1. 开发任务

任务：使用 HashMap 来保存 3 个数值：用户的姓名、邮箱、性别，然后用 Iterator 取出其 key 和 value 并显示出来。

训练技能点：会使用 Map 接口及其实现类。

2．具体实现

任务：使用 HashMap 来保存 3 个数值：用户的姓名、邮箱、性别，然后用 Iterator 取出其 key 和 value 并显示出来。

【步骤】：

（1）创建一个新闻栏目类 HashMapDemo.java，代码如下：

```
1.    package czmec.cn.news.ch03;
2.    import java.util.HashMap;
3.    import java.util.Iterator;
4.    import java.util.Map;
5.    public class HashMapDemo {
6.        public static void main(String[] args) {
7.            // TODO Auto-generated method stub
8.            Map map = new HashMap();
9.            map.put("userName", "shl");
10.           map.put("useremail", "sunhualin@163.com");
11.           map.put("usersex", "男");
12.           Iterator it = map.keySet().iterator();
13.           Iterator myvalues = map.values().iterator();
14.           System.out.println("------HashMap用法------");
15.           while (it.hasNext()) {
16.               Object key = it.next();
17.               Object value = myvalues.next();
18.               System.out.print("键=" + key.toString() + ",");
19.               System.out.println("值=" + value.toString());
20.           }
21.       }
22.   }
```

（2）运行。

运行结果如图 4-9 所示。

图 4-9　HashMapDemo 运行结果

69

第5章 使用 JDBC 技术访问数据库

 本章简介

本章主要讲解 JDBC 技术（Java 数据库连接技术）的相关概念和使用，以便能运用它访问 SQL Server 数据库，读写数据库中的数据。

 本章学习目标

- 了解 JDBC 的体系结构、工作原理。
- 掌握 JDBC API（如 DriverManager、Connection、Statement、ResultSet）的使用方法。
- 掌握使用 JDBC 技术访问数据库的步骤及模板。

本章任务

使用 Java 的数据库编程技术，升级"新闻发布系统"。
- 能够使用合适的 JDBC 驱动连接 SQL Server 上的数据库。
- 能够使用 JDBC 相关技术查询数据库表中的所有记录，并且能读取记录中的信息并显示在控制台上。
- 能够使用 JDBC 相关技术根据某个字段查询数据库表中的某些记录。
- 能够使用 JDBC 相关技术更新数据库表中的某些记录。
- 能够使用 JDBC 相关技术在数据库表中插入某些记录。
- 能够使用 JDBC 相关技术删除数据库表中的某些记录。
- 能够使用 PreparedStatement 处理 SQL 语句。
- 能够使用 Resultset 处理查询结果。

5.1 JDBC 技术概述

JDBC（Java DataBase Connectivity，Java 数据库连接）为各种常用数据库提供无缝连接的数据访问技术。JDBC 为开发人员提供了一个标准的 API，使开发者能够用纯 Java API 来编写数据库应用程序。

通过使用 JDBC，开发人员可以方便地将 SQL 语句传送给任何一种数据库。JDBC 体系结构如图 5-1 所示。

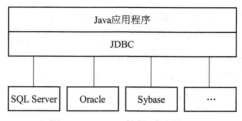

图 5-1　JDBC 的体系结构

JDBC 具有一个非常独特的动态连接结构，它使系统模块化。使用 JDBC 来完成对数据库的访问包括 4 个主要组件：Java 应用程序、JDBC 驱动器管理器、驱动器和数据源。JDBC 的具体工作原理如图 5-2 所示。

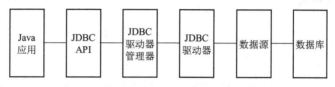

图 5-2　JDBC 工作原理

JDBC API 是 Java 程序语言的应用程序接口，它提供数据访问的基本功能。使用 JDBC API 包中的类，开发者能够完成所有基本的数据库操作。使用 JDBC 技术操作数据库接口或类包括以下内容：

1）java.sql.DriverManager：依据数据库的不同，管理 JDBC 驱动。

2）java.sql.Connection：负责连接数据库并担任传送数据的任务。

3）java.sql.Statement：由 Connection 产生，负责执行 SQL 语句。

4）java.sql.ResultSet：负责保存 Statement 执行后所产生的查询结果。

5.2　使用 JDBC 技术进行数据库编程的模板

简单地说，使用 JDBC 技术能完成以下 3 件事：

1）与一个数据库建立连接。

2）向数据库发送 SQL 语句。

3）处理数据库返回的结果。

（1）建立与数据库的连接。

为了与特定的数据库建立连接，JDBC 必须加载相应的驱动程序。使用 Class.forName() 方法加载数据库的驱动程序。以下是加载微软 SQL Server 2000 驱动程序的方法：

```
Class.forName("com.microsoft.jdbc.sqlserver.SQLServerDriver");
```

与数据库建立连接可以通过调用 DriverManager.getConnection()方法实现，Connection 接口代表与数据库的连接。以下是用纯的 Java 驱动连接方法连接 SQL Server 2000 数据库的方法：

```
1.    public String URL="jdbc: microsoft :sqlserver://localhost:1433;DataBaseName=数据库名"
2.    public final static String DBNAME = "sa";
3.    public final static String DBPASS = "sa";
4.    Connection con = DriverManager.getConnection(URL, DBNAME, DBPASS);
```

其中 URL 是数据库的地址，包括数据库所在主机的 IP 地址或者主机名和端口号以及数据库的名称。与 Internet 一样，JDBC 识别一个数据库时也使用 URL。DBNAME 表示连接数据库时的用户名，DBPASS 表示连接数据库时的密码，用户名和密码可以为空。

当使用 getConnection()方法时，DriverManager 返回一个 Connection 类型的对象。

另外，建立连接时应捕获 SQLException 异常。

```
1.    try
2.    {
3.        Connection con = DriverManager.getConnection(URL, DBNAME, DBPASS);
4.    }
5.    catch(SQLException e)
6.    {
7.    …//异常处理
8.    }
```

为了将 MyEclipse 中开发的应用程序连接到 SQL Server 数据库，需要数据库 SQL Server 2005 的驱动包（即 mssqlserver.jar），可以从本书所带的代码文件夹中获取。在 MyEclipse 的"Java Bulid Path"中，导入得到的 mssqlserver.jar 文件。用鼠标右键单击"Test connectorJ"，选择"Properties"，如图 5-3 所示。

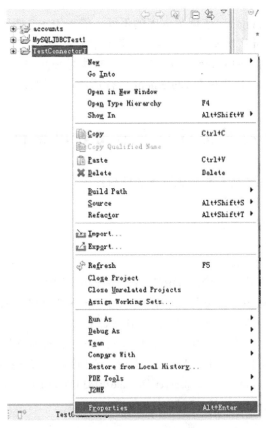

图 5-3   选择"Properties"

然后在属性中选择"Java Build Path"，单击"Add External JARs"按钮导入"mssqlserver.jar"，如图 5-4 所示。

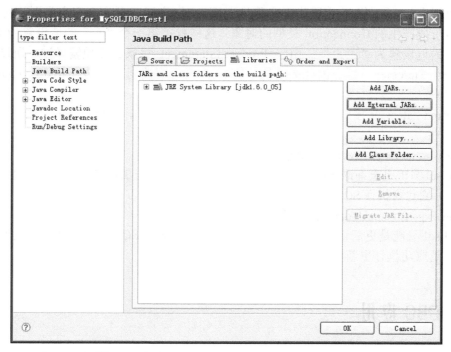

图 5-4　在"Java Build Path"中导入外部 JAR 文件

（2）向数据库发送 SQL 语句。

一旦建立连接，就使用该连接创建 Statement 或者 PreparedStatement，并将 SQL 语句传递给它所连接的数据库。

1）Statement。

获取 Connection 对象之后就可以进行数据库操作了，使用 Connection 对象可以生成 Statement 对象。

Statement st=conn.createStatement();

Statement 接口中包含很多基本的数据库操作方法，最常用的有以下两种：

① ResultSet rs=st.executeQuery(sql)。其中 sql 只能是查询语句，如"select * from Table1"。此方法返回的对象类型是 ResultSet 类型对象，它包含执行 SQL 查询的结果。

② int i=st.executeUpdate(sql)。其中 sql 只能是更新语句，即 update、insert、delete 等 SQL 语句。此方法返回的是一个整数，是成功执行更新的行数。

2）PreparedStatement。

PreparedStatement 接口继承自 Statement 接口，PreparedStatement 接口比 Statement 接口用起来更加灵活，更有效率。PreparedStatement 类型的对象其实已经包含预编译过的 SQL 语句，这个 SQL 语句可具有一个或者多个输入参数，这些输入参数的值在 SQL 语句创建时未被指定，而是为每个参数保留一个问号（"？"）作为占位符。例如：

```
PreparedStatement ps=conn.prepareStatement("select * from Table1 where id=? and name =?");
```

```
ps.setInt(1,4);
ps.setString(2, "王力");
```

这里假设 Table1 的 id 字段类型为整型，而 name 字段类型为字符串类型，conn 是数据库连接阶段产生的 Connection 类型的对象。这样就把第一个"？"的值设置为 4，第二个"？"的值设置为"王力"。由于 PreparedStatement 对象已经预编译过，所以其执行速度要快于 Statement 对象，因此多次执行的 SQL 语句应被创建为 PreparedStatement 对象以提高效率。

PreparedStatement 接口中包含很多基本的数据库操作方法，与 Statement 类似，最常用的有以下两种：

① ResultSet rs=ps.executeQuery();

其中 sql 只能是查询语句，如"select * from Table1"。此方法返回的对象类型是 ResultSet 类型对象，它包含执行 SQL 查询的结果。

② int i=ps.executeUpdate();

其中 sql 只能是更新语句，即 update、insert、delete 等 SQL 语句。此方法返回的是一个整数，是成功执行更新的行数。

5.3 JDBC 应用

下面通过一个连接数据库的综合示例来演示如何使用 JDBC 技术来连接 SQL Server 2000 数据库，以及对数据库进行增、删、改、查等一系列的操作。该示例连接本机上的数据库 News，访问该数据库中的 TBL_USER 表，表的结构和内容如图 5-5 所示。

表 - dbo.TBL_USER	摘要
name	password
▶ 张三	111
孙猴子	sunli123
＊ NULL	NULL

图 5-5 TBL_USER 表结构

该表记录了一些用户信息，包括用户名和密码。在该示例中，演示了查询表中所有记录，根据某个字段查询相关记录、修改记录、插入记录，以及删除记录等一系列常见的数据库操作。

【数据库综合示例】：

实现对数据库表 TBL_USER 中的数据进行增、删、改、查操作。

操作步骤如下：

（1）按照图 5-5 创建数据库及数据库表。

（2）创建"ch05"包，并在此包下创建一个类 UserDao，如图 5-6 所示。

（3）输入下面的代码，分别实现 findAllUsers()、findByUname(String uname)、changePassword (String newPass,String name)、insertNewUser(String name,String password)、deleteUser(String name)等 5 个方法。

图 5-6　创建类 UserDao

```
1.    package czmec.cn.news.ch05;
2.
3.    import java.sql.*;
4.
5.    public class UserDao {
6.    private Connection conn = null;     // 数据库连接
7.    private Statement stmt = null;     // 创建Statement对象
8.    private PreparedStatement pstmt = null;     // 创建PreparedStatement对象
9.    private ResultSet rs = null;     // 创建结果集对象
10.
11.   public final static String driver = "com.microsoft.jdbc.sqlserver.SQLServerDriver";     // 数据库驱动
12.   public final static String url    = "jdbc:microsoft:sqlserver://localhost:1433;DataBaseName=News";// url
13.   public final static String dbName = "sa";
      // 数据库用户名
14.   public final static String dbPass = "sa";
15.
16.   //建立与数据库的连接
17.   public void getConn(){
18.   try{
19.   Class.forName(driver);                              //注册驱动
20.   conn = DriverManager.getConnection(url,dbName,dbPass);          //获得数据库连接
```

```java
21.     System.out.println("已经与数据库建立连接！");
22.     }catch(Exception e)
23.     {
24.     e.printStackTrace();
25.     }
26.     }
27.     //查找所有用户
28.     public void findAllUsers()
29.     {
30.     String sql = "select * from TBL_USER";
31.     try{
32.     stmt=conn.createStatement();
33.     rs=stmt.executeQuery(sql);
34.     System.out.println("有下列用户：");
35.     while(rs.next())
36.     {
37.     System.out.println("用户"+rs.getString("name")+",其密码是："+rs.getString(2));
38.     }
39.     }catch(Exception e)
40.     {
41.     e.printStackTrace();
42.     }
43.
44.     }
45.     //根据用户名查找
46.     public void findByUname(String uname) {
47.     String sql = "select * from TBL_USER where name=?";
48.     try {
49.     pstmt = conn.prepareStatement(sql);
50.     pstmt.setString(1, uname);
51.     rs = pstmt.executeQuery();
52.     if(rs.next()) {
53.     System.out.println("该用户存在！");
54.     }
55.     else{
56.     System.out.println("该用户不存在！");
57.     }
58.     } catch (SQLException e) {
59.     e.printStackTrace();
60.     }
61.     }
```

```
62.
63.    //为某用户修改用户密码
64.    public void changePassword(String newPass,String name)
65.    {
66.    String sql = "update TBL_USER set password=? where name=?";
67.    try {
68.    pstmt = conn.prepareStatement(sql);
69.    pstmt.setString(1, newPass);
70.    pstmt.setString(2, name);
71.    int i= pstmt.executeUpdate();
72.    if(i>0) {
73.    System.out.println("密码修改成功！");
74.    }
75.    else{
76.    System.out.println("密码修改失败");
77.    }
78.    } catch (SQLException e) {
79.    e.printStackTrace();
80.    }
81.    }
82.
83.    //插入一个新的用户
84.    public void insertNewUser(String name,String password)
85.    {
86.    String sql = "insert into TBL_USER values(?,?)";
87.    try {
88.    pstmt = conn.prepareStatement(sql);
89.    pstmt.setString(1, name);
90.    pstmt.setString(2, password);
91.    int i= pstmt.executeUpdate();
92.    if(i>0) {
93.    System.out.println("插入新用户成功！");
94.    }
95.    else{
96.    System.out.println("插入新用户失败");
97.    }
98.    } catch (SQLException e) {
99.    e.printStackTrace();
100.   }
101.   }
102.
```

```
103.    //根据用户名删除用户
104.    public void deleteUser(String name)
105.    {
106.    String sql = "delete from TBL_USER where name=?";
107.    try {
108.    pstmt = conn.prepareStatement(sql);
109.    pstmt.setString(1, name);
110.    int i= pstmt.executeUpdate();
111.    if(i>0) {
112.    System.out.println("删除用户成功！");
113.    }
114.    else{
115.    System.out.println("删除用户失败");
116.    }
117.    } catch (SQLException e) {
118.    e.printStackTrace();
119.    }
120.    }
121.    //关闭数据库资源
122.    public void closeAll( ) {
123.    /*  如果rs不空，关闭rs   */
124.    if(rs != null){
125.    try { rs.close();} catch (SQLException e) {e.printStackTrace();}
126.    }
127.    /*  如果pstmt不空，关闭pstmt   */
128.    if(pstmt != null){
129.    try { pstmt.close();} catch (SQLException e) {e.printStackTrace();}
130.    }
131.    if(stmt != null){
132.    try { stmt.close();} catch (SQLException e) {e.printStackTrace();}
133.    }
134.    /*  如果conn不空，关闭conn   */
135.    if(conn != null){
136.    try { conn.close();} catch (SQLException e) {e.printStackTrace();}
137.    }
138.    }
139.
140.    public static void main(String args[])
141.    {
142.    UserDao ud=new UserDao();
143.    ud.getConn();
```

```
144.    ud.findAllUsers();
145.    ud.findByUname("张三");
146.    ud.changePassword("11111", "张三");
147.    ud.insertNewUser("孙氏", "123456");
148.    ud.deleteUser("张三");
149.    ud.closeAll();
150.    }
151.  }
```

（4）选中类"UserDao.java"，单击鼠标右键，在弹出的快捷菜单选择如图 5-7 所示的选项，运行 UserDao.java。

图 5-7　运行 UserDao.java

结果出现运行错误，如图 5-8 所示。

```
Problems | Tasks | Web Browser | Console ✕ | Servers
<terminated> UserDao [Java Application] C:\Genuitec\Common\binary\com.sun.java.jdk.win32.x86_1.6.0.013\bi
java.lang.ClassNotFoundException: com.microsoft.jdbc.sqlserver.SQLServerDriver
        at java.net.URLClassLoader$1.run(URLClassLoader.java:200)
        at java.security.AccessController.doPrivileged(Native Method)
        at java.net.URLClassLoader.findClass(URLClassLoader.java:188)
        at java.lang.ClassLoader.loadClass(ClassLoader.java:307)
        at sun.misc.Launcher$AppClassLoader.loadClass(Launcher.java:301)
        at java.lang.ClassLoader.loadClass(ClassLoader.java:252)
        at java.lang.ClassLoader.loadClassInternal(ClassLoader.java:320)
        at java.lang.Class.forName0(Native Method)
        at java.lang.Class.forName(Class.java:169)
        at czmec.cn.news.ch05.UserDao.getConn(UserDao.java:18)
        at czmec.cn.news.ch05.UserDao.main(UserDao.java:142)
java.lang.NullPointerException
        at czmec.cn.news.ch05.UserDao.findAllUsers(UserDao.java:31)
        at czmec.cn.news.ch05.UserDao.main(UserDao.java:143)
Exception in thread "main" java.lang.NullPointerException
        at czmec.cn.news.ch05.UserDao.findByUname(UserDao.java:48)
        at czmec.cn.news.ch05.UserDao.main(UserDao.java:144)
```

图 5-8　运行错误

将 SQLServer 数据库的 JDBC 驱动包加入项目的 lib 文件夹中，即可解决图 5-8 中出现的问题，如图 5-9 所示。

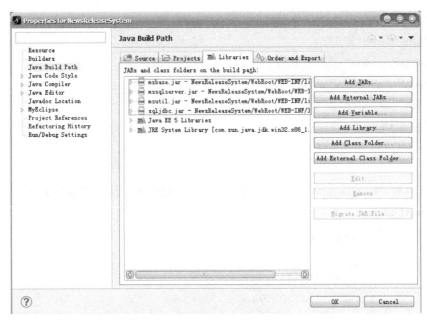

图 5-9　SQLServer Jar 包的添加

运行正确结果如图 5-10 所示。

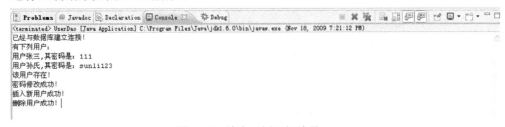

图 5-10　综合示例运行结果

下面为大家详细解释这段代码。

第 3 行 import java.sql.*；该语句引入了"java.sql"包，凡是有连接数据库的操作，在程序中都应当引入该包，如 Connetion 接口、Statement 接口、PreparedStatement 接口、ResultSet 接口都属于该包。

第 17～26 行是连接数据库的操作，其中 19 行 Class.forName(driver)；是加载 SQL Server 2005 的驱动程序。应当注意的是，不同的数据库程序，驱动类名是不一样的。20 行是通过 DriverManager 类来连接数据库。在连接数据库时 getConnection（）方法有 3 个参数，分别是数据库的 URL、访问数据的用户名和密码，如果不需要用户名和密码，这两项可以为空。在连接数据库时，有可能抛出 ClassNotFound 异常，因此要把这段代码放入 try 语句块中，对其进行捕获和处理。

第 28～44 行是查找所有用户操作。在这段代码中，用到了 Statement 接口来执行 SQL 语句。其中第 30 行 String sql = "select * from TBL_USER"是查找表中所有记录的 SQL 语句。第 32 行 stmt=conn.createStatement()通过 Connection 类型对象的 createStatement()方法来生成一个 Statement 类型的对象。第 33 行 rs=stmt.executeQuery(sql)通过 Statement 类型对象的 executeQuery(sql)方法来执行之前的 SQL 语句，并得到一个 ResultSet 类型的对象。因为该语

句是查询语句，所以用的是 executeQuery（），而不是 executeUpdate（）方法。第 35～37 行，通过遍历结果集，依次访问每条记录，并把记录当中的信息通过 get×××（）方法读取出来，并打印到控制台上。

第 46～61，根据用户名查找某一个具体的用户，这里用到了 PreparedStatement 类型，该类型允许 SQL 语句接受参数，并且对 SQL 语句进行预编译。第 47 行 String sql = "select * from TBL_USER where name=?"中"？"的值是在第 50 行通过 set×××（）方法来确定的。因为本小段代码中的 SQL 属于查询语句，因此仍然使用 PreparedStatement 提供的 executeQuery()方法。

第 64～81 行是修改用户密码的操作，第 84～101 行是插入新用户的操作，第 104～120 行是删除用户的操作，这 3 小段代码，除了 SQL 语句不一样之外，其他都差不多。由于这 3 小段代码中的 SQL 语句都是属于数据库的更新操作，因此都用到 PreparedStatement 提供的 executeUpdate()方法。

第 122～138 行是关闭数据库资源的操作，为了节约资源，应当在数据库用完之后关闭相应的资源。

第 140～150 行是 main()方法的范围，在该方法中创建了一个 UserDao 类的对象，并且依次调用了各个数据库操作的方法。从结果中可以看到，示例实现了对表 TBL_USER 查询所有记录，根据某个字段查询相关记录、修改记录、插入记录，以及删除记录的一系列操作。

另外，需要注意的是，凡是涉及数据库的操作都有可能抛出 SQLException，因此要对该异常进行捕获和处理。

5.4　升级"新闻发布系统"——实现用户登录、注册及修改功能

5.4.1　开发任务

使用 JDBC 技术继续升级"新闻发布系统"，实现对数据库的读/写操作。

任务一：创建"新闻发布系统"数据库和数据库表。

任务二：优化 UserDao 数据库访问类，从中抽取公共代码封装于 BaseDao 类中，用于连接、关闭数据库，执行 SQL 语句。

任务三：定义 UserDao 用户访问数据的接口。

任务四：利用数据库连接类，实现 DAO 接口 UserDao。

训练技能点：

1）会使用 JDBC 的方式连接数据库。

2）会使用 PreparedStateme 执行数据库表的增、改、查操作。

3）会采用面向接口的编程方式进行编程。

4）会使用 ResultSet 处理查询结果。

5.4.2　具体实现

任务一：创建"新闻发布系统"数据库和数据库表

在 SQL Server 2000 中创建新闻发布系统数据库 NewsSystem 及用户表 userInfo、新闻栏目表 titleBar 和新闻表 NewsContent，具体表结构如表 5-1～表 5-3 所示。

表 5-1　用户表

表名	userInfo		实体名称		用户表	
主键	userID					
序号	字段名称	字段说明	类型	位数	属性	
1	userID	用户 ID	bigint	8	非空，自增量	
2	userRealName	用户真名	varchar	10		
3	sex	性别	char	1		
4	birth	出生日期	varchar	10		
5	finalAddress	联系地址	varchar	50		
6	Email	邮箱	varchar	50		
7	Tel	电话	varchar	50		
8	userLoginName	登录名	varchar	10		
9	userPassword	登录密码	varchar	50		
10	regDate	注册日期	varchar	10		
11	flag	是否管理员	char	1		
12	confirm1	是否审核	char	1		

表 5-2　新闻栏目表

表名	titleBar		实体名称		新闻栏目表	
主键	titleBarID					
序号	字段名称	字段说明	类型	位数	属性	
1	titleBarID	栏目 ID	bigint	8	非空，自增量	
2	titleBarName	栏目名称	varchar	50		
3	creatorID	创建者 ID	bigint	8		
4	createDate	创建日期	varchar	10		
5	YXX	有效性	char	1	1：有效；0：无效	

表 5-3　新闻表

表名	NewsContent		实体名称		新闻表	
主键	newID					
序号	字段名称	字段说明	类型	位数	属性	
1	newID	新闻 ID	bigint	8	非空，自增量	
2	titleName	新闻名称	varchar	50		
3	content	新闻内容	varchar	5000		
4	writerID	新闻添加人	bigint	8		
5	addDate	添加日期	varchar	10		
6	titlebarID	新闻所属栏目	bigint	8		
7	ContentAbstract	简介	varchar	200		
8	keywords	关键字	varchar	100		

任务二：优化 UserDao.java 数据库访问类

优化 UserDao 数据库访问类，从中抽取公共代码封装于 BaseDao 类中，用于连接、关闭数据库，执行 SQL 语句。

【步骤】：

（1）在 ch05 包下创建一个 util 工具包，用于存放数据库连接类的源文件 BaseDao.java，如图 5-11 所示。

图 5-11　util 工具包结构图

（2）创建数据库连接类 BaseDao。

由于对数据库的连接、关闭、执行 SQL 语句的操作比较频繁，所以就这个类专门编写了数据库连接类 BaseDao，封装了数据库连接方法 getConn()、释放所有资源方法 closeAll()、执行 SQL 语句方法 executeSQL()，方便以后调用。BaseDao.java 部分代码如下：

```
1.    public class BaseDao
2.    {
3.        // 数据库驱动
4.    public final static String driver = "com.microsoft.jdbc.sqlserver.SQLServerDriver";
5.    public final static String url =
      "jdbc:microsoft:sqlserver://localhost:1433;DataBaseName=NewsSystem"; // url
6.    public final static String dbName = "sa";        // 数据库用户名
7.    public final static String dbPass = "sa";        // 数据库密码
8.
9.    public Connection getConn() throws ClassNotFoundException, SQLException
10.   {
11.       …
12.   }
13.
14.   public void closeAll( Connection conn, PreparedStatement pstmt, ResultSet rs )
15.   {
16.   /*    如果 rs 不空，关闭 rs    */
17.   /*    如果 pstmt 不空，关闭 pstmt    */
18.   /*    如果 conn 不空，关闭 conn    */
19.   }
20.
21.   public int executeSQL(String preparedSql,String[] param)
22.   {
23.       …
24.   }
```

```
25.    }
```

（3）完善 getConn()方法，获取数据库连接对象。

```
1.    /**
2.    * 建立与数据库的连接
3.    * return 连接对象conn
4.    */
5.    public Connection getConn()
6.    {
7.    Connection conn = null ;
8.    try{
9.    Class.forName(driver);              //注册驱动
10.   conn = DriverManager.getConnection(url,dbName,dbPass);
      //获得数据库连接
11.   System.out.println("已经与数据库建立连接！");
12.   }catch(Exception e)
13.   {
14.   e.printStackTrace();
15.   }
16.   return conn;
17.   }
```

（4）完善 closeAll()方法，释放所有资源。

```
1.    /** 释放资源
2.    * @param conn 数据库连接
3.    * @param pstmt PreparedStatement对象
4.    * @param rs 结果集
5.    */
6.    public void closeAll( Connection conn, PreparedStatement pstmt, ResultSet rs )
7.    {
8.    /*  如果rs不空，关闭rs  */
9.      if(rs != null)
10.     {
11.   try {rs.close();}catch(SQLException e){e.printStackTrace();}
12.     }
13.   /*  如果pstmt不空，关闭pstmt  */
14.     if(pstmt != null)
15.     {
16.       try{pstmt.close();}catch(SQLException e) {e.printStackTrace();}
17.     }
18.   /*  如果conn不空，关闭conn  */
19.     if(conn != null)
```

```
20.      {
21.      try { conn.close();} catch (SQLException e)
                {e.printStackTrace();}
22.      }
23.   }
```

（5）完善 executeSQL()方法，执行 SQL 语句，实现增、删、改的操作。

```
1.    /**
2.     * 执行SQL语句，可以进行增、删、改的操作，不能执行查询
3.     * @param sql    预编译的SQL语句
4.     * @param param    预编译的SQL语句中的'？'参数的字符串数组
5.     * @return 影响的条数
6.     */
7.    public int executeSQL(String preparedSql,String[] param)
8.    {
9.    Connection conn = null;
10.   PreparedStatement pstmt = null;
11.   int num = 0;
12.
13.   /*  处理SQL,执行SQL   */
14.   try {
15.   conn = getConn();        // 得到数据库连接
16.   pstmt = conn.prepareStatement(preparedSql);
                         // 得到PreparedStatement对象
17.   if( param != null ) {
18.   for( int i = 0; i < param.length; i++ ) {
19.   pstmt.setString(i+1, param[i]);
                         // 为预编译sql设置参数
20.   }
21.   }
22.   num = pstmt.executeUpdate();      // 执行SQL语句
23.   } catch (SQLException e) {
24.   e.printStackTrace();      // 处理SQLException异常
25.   } finally {
26.   closeAll(conn,pstmt,null);      // 释放资源
27.   }
28.   return num;
29.   }
```

任务三：定义 UserDao 用户访问数据的接口

为了降低程序模块之间的耦合度，采用面向接口的编程方式，首先定义接口 UserDao，在接口中定义对用户的注册、删除、更新操作方法。在 ch05 包下创建 Dao 包，在 Dao 包下

创建 UserDao 接口，如图 5-12 所示。

图 5-12　创建 User Dao 接口

任务四：利用数据库连接类，实现 DAO 接口 UserDao

【步骤】：

（1）首先在 Dao 包下创建一个包 DaoImpl，用于管理接口的具体实现类。

（2）创建接口 UserDao 的具体实现类 UserDaoImpl，这个类继承 BaseDao 类，这样可以在实现类 UserDaoImpl 中直接使用父类中的连接数据库、释放资源等方法，如图 5-13 所示。

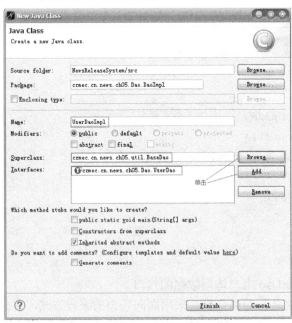

图 5-13　创建 UserDaoImpl 类

在图 5-13 中单击"Browse"按钮选择已经创建的父类 BaseDao，单击"Add"按钮选择已经创建的接口 UserDao。这样，生成的代码如下所示：

```
1.    package czmec.cn.news.ch05.Dao.DaoImpl;
2.    import czmec.cn.news.ch05.Dao.UserDao;
3.    import czmec.cn.news.ch05.util.BaseDao;
4.    public class UserDaoImpl extends BaseDao implements UserDao
5.    {
6.    public int deleteUser(String name) {
7.    // TODO Auto-generated method stub
8.    return 0;
9.    }
10.
11.   public int insertNewUser(String name, String password) {
12.   // TODO Auto-generated method stub
13.   return 0;
14.   }
15.
16.   public int updateUserPassword(String id, String name, String password) {
17.   // TODO Auto-generated method stub
18.   return 0;
19.   }
20.
21.   public boolean userLogin(String name, String password) {
22.   // TODO Auto-generated method stub
23.   return false;
24.   }
25.   }
```

（3）分别实现上述方法。下面以实现用户登录验证 userLogin()方法及删除用户 deleteUser()为例，代码如下：

用户登录验证 userLogin()方法代码：

```
1.    public boolean userLogin(String name, String password) {
2.    // TODO Auto-generated method stub
3.    String sql = "select * from userInfo where userLoginName=? and userPassword=?";
4.    boolean rtn = false;
5.    try
6.    {
7.    conn = this.getConn();
8.    pstmt = conn.prepareStatement(sql);
9.    pstmt.setString(1, name);
```

```
10.    pstmt.setString(2, password);
11.    rtn =    pstmt.execute();
12.    if(rtn)
13.    {
14.    System.out.println("用户登录成功。");
15.    rtn = true;
16.    }
17.    else
18.    {
19.    System.out.println("用户登录失败。");
20.    }
21.    }catch(Exception e)
22.    {
23.    e.printStackTrace();
24.    }
25.    return rtn;
26.    }
```

删除用户 deleteUser()方法代码：

```
1.    public int deleteUser(String name) {
2.    // TODO Auto-generated method stub
3.    String sql = "delete from userInfo where userLoginName=?";
4.    String param[] = {name};
5.    int rtn = 0;
6.    try {
7.    rtn = this.executeSQL(sql, param);
                        //直接使用父类中的executeSQL方法执行查询
8.    if(rtn>0) {
9.    System.out.println("删除用户成功！");
10.    }
11.    else{
12.    System.out.println("删除用户失败");
13.    }
14.    } catch (Exception e) {
15.    e.printStackTrace();
16.    }
17.    return rtn;
18.    }
```

上述代码"this.executeSQL(sql, param)"直接调用了父类中的方法，将 SQL 语句以及参数传递其中，直接返回执行 SQL 语句的结果，使得代码具有良好的重构性和共享性。

（4）编写一个测试类，测试上述代码。测试代码如下：

```
1.    UserDao userLogin = new UserDaoImpl();
2.    userLogin.userLogin("lhl", "111");//用户登录
3.    userLogin.deleteUser("dd");//删除用户
```

注意上述代码由于采用了面向接口的编程方式，因此第一行中首先创建了一个 UserDaoImpl 类，但指向了 UserDao 这个接口，这里用到了 Java 面向对象编程中的多态的概念。

运行结果如图 5-14 所示。

图 5-14　运行结果

【知识点拓展练习】：

1）请直接调用 BaseDao 类中的 executeSQL（）方法实现用户注册 insertNewUser（）方法。

2）请直接调用 BaseDao 类中的 executeSQL（）方法实现密码修改方法 updateUserPassword（）。

第6章 JSP 技术概述

本章简介

本章主要讲解 JSP 的基础概念、JSP 页面的创建过程以及 JSP 的执行过程,使大家对 JSP 技术有一个完整的认识。

本章学习目标

- 掌握 JSP 的定义、作用以及页面组成。
- 掌握如何创建 JSP 页面。
- 掌握 JSP 页面的执行过程。

本章任务

使用 JSP 技术继续升级 "新闻发布系统"。
- 为 "新闻发布系统" 创建 JSP 页面。
- 能够在 MyEclipse 中运行该 "新闻发布系统"。

6.1 JSP 简介

JSP (Java Server Page) 是由 Sun 公司倡导、多个公司共同建立的一种技术标准。它建立在 Servlet 技术之上,用来开发动态网页。程序员可以使用 JSP 技术高效地创建 Web 应用,并使得开发的 Web 应用具有安全性高、跨平台等优点。

使用动态网页技术,不仅可以输出网页的内容、同用户进行互动,还可以对网页内容进行在线更新。

JSP 技术即 Java 服务器页面技术,是指在 HTML 页面中嵌入 Java 语言,然后由应用服务器中的 JSP 引擎来编译和执行,之后再将生成的整个页面返回给客户端,如图 6-1 所示。

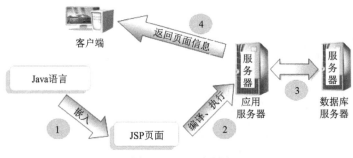

图 6-1 JSP 原理图

JSP 技术实现的 Web 应用程序是基于 Java 语言的，因此它拥有 Java 语言跨平台的特性，以及业务代码分离、组件重用、预编译等特征。

（1）跨平台。

既然 JSP 是基于 Java 语言的，那么它就可以使用 Java API，所以它也是跨平台的，可以应用在不同的系统中，如 Windows、Linux、Mac 和 Solaris 等。这同时也拓宽了 JSP 可以使用的 Web 服务器的范围。另外，应用于不同操作系统的数据库也可以为 JSP 服务，JSP 使用 JDBC 技术操作数据库，从而避免了代码移植导致更换数据库时的代码修改问题。

正是因为跨平台的特性，使得采用 JSP 技术开发的项目可以不加修改地应用到任何不同的平台上，这也应验了 Java 语言的"一次编写，到处运行"的特点。

（2）业务代码分离。

采用 JSP 技术开发的项目，通常使用 HTML 语言来设计和格式化静态页面的内容，使用 JSP 标签和 Java 代码片段来实现动态部分。程序开发人员可以将业务处理代码全部放到 JavaBean 中，或者把业务处理代码交给 Servlet、Struts 等其他业务控制层来处理，从而实现业务代码从视图层分离。这样 JSP 页面只负责显示数据即可，当需要修改业务代码时，不会影响 JSP 页面的代码。

（3）组件重用。

JSP 中可以使用 JavaBean 编写业务组件，也就是使用一个 JavaBean 类封装业务处理代码或者作为一个数据存储模型，在 JSP 页面甚至整个项目中都可以重复使用 JavaBean。JavaBean 也可以应用到其他 Java 应用程序中，包括桌面应用程序。

（4）继承 Java Servlet 功能。

Servlet 是 JSP 出现之前的主要 Java Web 处理技术。它接受用户请求，在 Servlet 类中编写所有 Java 和 HTML 代码，然后通过输出流把结果页面返回给浏览器。其缺点是：在类中编写 HTML 代码非常不便，也不利于阅读。使用 JSP 技术之后，开发 Web 应用变得相对简单快捷多了，并且 JSP 最终要编译成 Servlet 才能处理用户请求，所以说 JSP 拥有 Servlet 的所有功能和特性。

（5）预编译。

预编译就是在用户第一次通过浏览器访问 JSP 页面时，服务器将对 JSP 页面代码进行编译，并且仅执行一次编译。编译好的代码将被保存，在用户下一次访问时，直接执行编译好的代码。这样不仅节约了服务器的 CPU 资源，还大大提升了客户端的访问速度。

6.2 JSP 执行过程

当客户端浏览器向服务器发出一个 JSP 页面的访问请求时，Web 服务器将会根据请求加载相应的 JSP 页面，并对该页面进行编译，然后执行。

Web 容器处理 JSP 文件请求需要经过以下 3 个阶段：

1）翻译（translation）阶段。JSP 文件会被 Web 容器中的 JSP 引擎转换成 Java 源码。

2）编译（compilation）阶段。Java 源码会被翻译成可执行的字节码文件，即扩展名为 class 的文件。

3）执行阶段。Web 容器获取了客户端的请求后，执行编译成字节码的 JSP 文件。处理完请求后，容器把生成的页面反馈给客户端进行显示。

图 6-2 形象地描绘出了 Web 容器处理 JSP 文件请求的 3 个阶段。

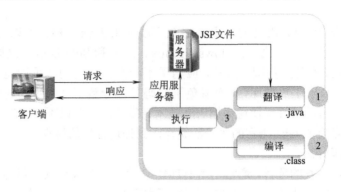

图 6-2 JSP 文件的执行过程

注意：一旦 Web 容器把 JSP 文件翻译和编译完成，来自客户端的每一个 JSP 请求就可以直接执行这个已经编译好的字节码文件，除非 JSP 文件中的代码发生了变化需要重新编译。这也是 JSP 项目第一次运行时速度较慢，之后运行速度较快的原因。这大大提高了 Web 应用系统的性能，如图 6-3 所示。

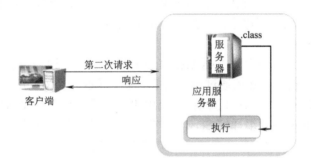

图 6-3 Web 容器处理 JSP 文件的第二次请求

6.3 JSP 页面的创建

在 MyEclipse 中创建 JSP 页面有两种方式：第一种方式是使用 JSP 模板向导创建 JSP 页面，第二种方式是手动创建 JSP 页面。

6.3.1 使用 JSP 模板向导创建 JSP 页面

使用 JSP 模板向导创建 JSP 页面的步骤如下：

（1）右键单击 WebRoot 下的 ch06 文件夹，选择 "New" → "JSP（Advanced Templetes）"，如图 6-4 所示。

（2）在弹出的对话框中输入 JSP 的文件名 index.jsp，然后单击 "Finish" 按钮即可，如

图 6-5 所示。

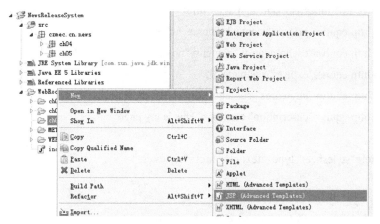

图 6-4　使用 JSP 模板向导创建 JSP（1）

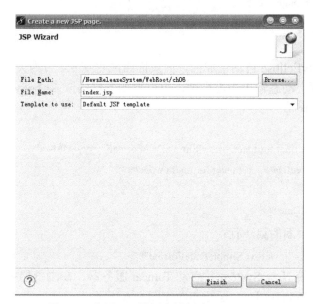

图 6-5　使用 JSP 模板向导创建 JSP（2）

一个 JSP 页面创建完成，打开该页面，可以看到如下 MyEclipse 工具自动生成的页面代码。

```
1.    <%@ page language="java" import="java.util.*" pageEncoding="ISO-8859-1"%>
2.    <%
3.    String path = request.getContextPath();
4.    String basePath = request.getScheme()+"://"+request.getServerName()+":"+request.getServerPort()+path+"/";
5.    %>
6.    <!DOCTYPE HTML PUBLIC "-//W3C//DTD HTML 4.01 Transitional//EN">
7.    <html>
8.      <head>
```

9.	<base href="<%=basePath%>">
10.	<title>My JSP 'index.jsp' starting page</title>
11.	<meta http-equiv="pragma" content="no-cache">
12.	<meta http-equiv="cache-control" content="no-cache">
13.	<meta http-equiv="expires" content="0">
14.	<meta http-equiv="keywords" content="keyword1,keyword2,keyword3">
15.	<meta http-equiv="description" content="This is my page">
16.	<!--
17.	<link rel="stylesheet" type="text/css" href="styles.css">
18.	-->
19.	</head>
20.	<body>
21.	This is my JSP page.
22.	</body>
23.	</html>

上述代码都是 MyEclipse 自动生成的，其页面组成将在 6.4 节为大家详细介绍。

（3）如果在页面上动态输出当前日期，可以将如下代码嵌入<body></body>之间。

```
1.   welcome to here,today is
2.       <%
3.           SimpleDateFormat formater = new SimpleDateFormat("yyyy-MM-dd");
4.           String strCurrentDate = formater.format(new Date());
5.       %>
6.       <%=strCurrentDate %>
```

将如下代码写在页面的第一行：

```
1.   <% @page    import="java.text.SimpleDateFormat"%>
```

（4）重新部署系统 NewsSystem 并启动 Tomcat 服务器，在浏览器中输入:http://localhost: 8080/ NewsSystem/ch06/index.jsp，运行界面如图 6-6 所示。

图 6-6　示例运行结果

6.3.2　手动创建 JSP 页面

如果不使用模板向导创建，也可以选择手动创建 JSP 页面创建步骤如下。

（1）右键单击 WebRoot 下的 ch06 文件夹，选择"New"→"File"，如图 6-7 所示。

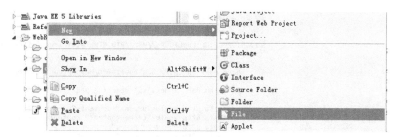

图 6-7　手动创建 JSP 页面（一）

（2）在弹出的对话框中输入文件名 index1.jsp，然后点击"Finish"按钮即可，如图 6-8 所示。

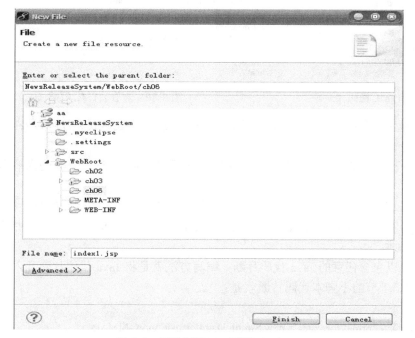

图 6-8　手动创建 JSP 页面（二）

接下来就可以在空白的 index1.jsp 中添加内容了。

6.4　JSP 页面的组成

从上一节中不难看出 JSP 页面包含了 HTML 标记以及 Java 语言。

JSP 页面由静态内容、指令、表达式、小脚本、声明、标准动作、注释 7 种元素组成。下面将通过 6.3.1 节的案例来展示一下 JSP 页面中比较常见的页面元素。

在 6.3.1 节的动态输出当前日期的案例的<head></head>下方添加如下内容：

```
<!--这是 HTML 注释（客户端可以看到的）-->
<%-- 这是 JSP 注释（客户端看不到）--%>
```

可以发现，当在浏览器中运行时，其运行结果还和图 6-6 所示一致。单击这个页面上的"查看"→"源文件"，查看这个页面所产生的 HTML 网页源码，如图 6-9 和图 6-10 所示。

图 6-9　查看 HTML 源码（一）　　　　　　　图 6-10　查看 HTML 源码（二）

这个案例为大家展示了 5 种页面元素：指令、小脚本、表达式、注释以及静态内容。

（1）指令。

JSP 指令很多，在第 7 章中会详细讲到。这里只要明白 JSP 中哪些内容是 JSP 指令即可。

JSP 指令一般以 "<%@" 开始，以 "%>" 结束。6.3.1 节中页面代码的第一行，即 "<%@ page language="java" import="java.util.*" pageEncoding="ISO-8859-1"%>" 就是指令元素。

（2）小脚本。

小脚本可以包含任意的 Java 代码片断，编写方法就是将 Java 代码片断插入到 "<% %>" 标记中。在 6.3.1 节的小脚本代码片断就是：

```
<%
    SimpleDateFormat formater = new SimpleDateFormat("yyyy-MM-dd");
    String strCurrentDate = formater.format(new Date());
%>
```

（3）表达式。

当需要在 JSP 页面中输出一个变量或者表达式的值时，使用表达式是解决问题的主要方法之一。

其基本语法是：

<%= Java 表达式 %>

在上述例子中，代码片断就是 "<%=strCurrentDate %>"。

（4）注释。

合理、详细的程序注释有利于代码后期的维护和阅读。因此在编写程序时，每个程序员要养成给出代码注释的好习惯。

在 JSP 页面中，注释一共有以下 3 种：

1）HTML 注释。其格式是：<!- - html 注释- - >。这个注释内容在客户端页面中是看不到的，但是在查看页面生成的 HTML 源码时，可以看到。

2）JSP 注释。其格式是：<%- - JSP 注释- - %>。这个注释内容在客户端通过查看 HTML 源码时看不到，安全性较高。

3）JSP 脚本注释，即嵌入在<% %>之间的注释，用来注释 Java 语言。其格式和在 Java 代码中一样。

（5）静态内容。

静态内容就是 JSP 页面中的静态文本，它属于 HTML 文本。

6.5　升级 "新闻发布系统" —— 实现部分 JSP 页面

6.5.1　开发任务

继续升级 "新闻发布系统"，在 MyEclipse 中编辑 JSP 页面。

任务：将 "新闻发布系统" 的静态页面改成 JSP。

训练技能点：

1）会使用 MyEclipse 创建 JSP 页面。

2）会为 JSP 页面添加注释。

3）会使用 JSP 输出动态内容。

6.5.2　具体实现

任务：将 "新闻发布系统" 的静态页面改成 JSP

【步骤】：

（1）将 WebRoot 目录下的 ch03 文件夹下的所有内容选中并复制到 ch06 文件夹下。

（2）将所有 HTML 静态页面修改为 JSP 页面。这里可以采用以下两种方式为来实现：

1）采用前面介绍过的使用向导来创建 JSP 页面，然后将每个 HTML 静态页面中的内容都复制到 JSP 页面中。

2）最好的办法是将原来的 HTML 页面的扩展名 ".html" 直接修改成 ".jsp"。

右键单击 HTML 页面，选择 "Refactor" → "Rename"，如图 6-11 所示。在弹出的对话框中修改扩展名为 ".jsp"，如图 6-12 所示。

图 6-11　修改静态页面扩展名（一）

图 6-12　修改静态页面扩展名（二）

经过上面的操作，细心的读者会发现原来的静态 HTML 页面被改成同名的 JSP 页面后，页面中原来可以正常显示的中文突然变成了乱码，如图 6-13 所示。

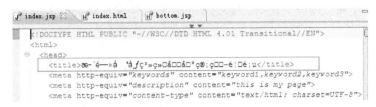

图 6-13　乱码

这是为什么呢？原来，JSP 页面默认的编码方式是"ISO-8859-1"，这个编码方式不支持中文，当将文件的扩展名修改成 JSP 后，页面就不支持中文显示了。这时，可以在进行上述操作之前，即修改文件的扩展名之前，打开 HTML 页面，在页面的首行先添加如下 JSP 指令，然后再改名即可。

```
<%@ page language="java" import="java.util.*" pageEncoding="GBK"%>
```

1）修改页面中的链接，将".html"修改成".jsp"。

2）为 JSP 页面添加注释。

3）启动服务器，浏览 JSP 页面，检查链接和表单验证。

【知识点拓展练习】：

1）完善"新闻发布系统"JSP 页面：用户注册页面 reg.jsp。

2）完善"新闻发布系统"JSP 页面："新闻发布系统"前端展示页面 NewsDisplay.jsp。

3）完善"新闻发布系统"JSP 页面：新闻栏目修改页面 NewsBarEdit.jsp。

4）完善"新闻发布系统"JSP 页面：新闻栏目删除页面 NewsBarDel.jsp。

第 7 章　JSP 指令和脚本元素

 **本章简介**

本章将详细讲解 JSP 的 3 个指令（page、include 和 taglib）以及 JSP 脚本元素（即表达式、小脚本、声明），并给出了声明和小脚本的比较及区别。

本章学习目标

- 掌握 page 指令的用法。
- 掌握 include 指令的用法。
- 了解 taglib 指令的作用。
- 掌握 JSP 页面的构成要素。
- 掌握表达式、小脚本、声明的用法。
- 理解小脚本和声明的区别。
- 掌握 SQL 语句的拼接技巧。

 本章任务

使用 JSP 指令及脚本元素继续升级"新闻发布系统"。

- 任务一：实现新闻栏目的查询列表功能。
- 任务二：实现新闻内容的查询列表功能。

7.1　JSP 页面构成

上一章已经简单介绍了 JSP 页面的组成要素，它由静态内容、指令、表达式、小脚本、声明、标准动作以及注释 7 部分构成，如图 7-1 所示。JSP 页面是扩展名为".jsp"的文件。

图 7-2 所示是一个简单的 JSP 页面的构成，该页面中包括了指令标识、HTML 代码、嵌入在 JSP 页面中的 Java 代码（即小脚本）、表达式、注释等内容。

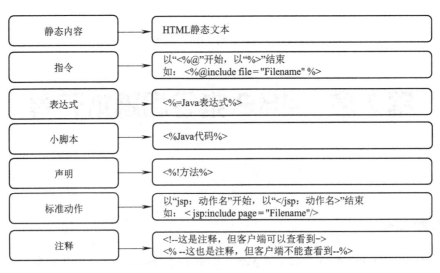

图 7-1　JSP 页面构成

下面分别对指令、表达式、小脚本、声明进行详细讲解，并将这些知识点运用到"新闻发布系统"中，实现"新闻发布系统"的动态页面。

图 7-2　一个简单的 JSP 页面构成

7.2　JSP 脚本元素

在 JSP 页面中，脚本元素可以方便、灵活地生成页面中的动态内容，因此使用最为频繁。脚本元素是用来插入或嵌入 Java 代码的，这些使用 Java 编写的脚本元素会出现在被容器编译成的 Servlet 文件中。通过脚本元素，可以像编写 Java 程序一样，在页面中声明 Java 变量、定义方法或函数、进行各种运算等。JSP 脚本元素主要有以下 3 种类型。

1）表达式（expression）：直接调用 Java 表达式输出数据。

2）小脚本（scriptlet）：在<%%>内部编写 Java 代码实现相应的功能。

3）声明（declaration）：定义变量以及方法。

7.2.1　JSP 表达式

JSP 表达式用于获取变量的值或方法的返回值在 JSP 页面上输出信息，表达式在页面的位置就是表达式结果的输出位置，其具体语法如下：

<%=JSP 表达式%>

容器会把 JSP 表达式计算得到的结果转换成字符串，然后插入到页面中。例如，下面的 JSP 页面将显示被请求时的系统时间：

1.　　<html>

2.　　<body>

3.　　Current time:<% =new java.util.Date()%> </br>

4.　　<%=1+2 %>

5.　　</body>

6.　　</html>

再如下面的示例：

1）在页面中输出变量 i 的值：<%= i %>

2）获得方法的返回值：<%= sum() %>

3）获取主机名：<%= request.getRemoteHost() %>

上面的示例已经展示了 JSP 表达式的用法，其作用是用于向浏览器输出数据。在使用时要注意以下两点：

1）在<%=和%>之间不可插入语句，表达式后面没有 ";"。

2）表达式必须能求值，这个值由服务器负责计算，将计算结果以字符串的形式返回并插入到 JSP 页面的相应位置。

上面的示例在浏览器中运行时，将出现如下错误，如图 7-3 所示。

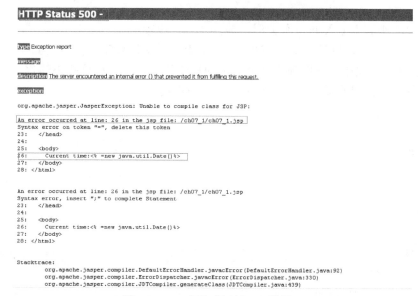

图 7-3　JSP 表达式运行 500 错误

出现错误的原因是：在 JSP 表达式的百分号和等号之间不能有空格，如图 7-4 所示。

去掉 JSP 表达式的百分号和等号之间的空格后，错误就解决了，运行结果如图 7-5 所示。

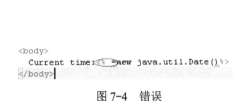

图 7-4　错误　　　　　　　　　　　图 7-5　JSP 表达式运行结果

脚本表达式<%=JSP 表达式%>与用"out.write(data);"的作用是一样的，都是将数据输出给浏览器。<%=JSP 表达式%>在源代码中翻译为 out.print(data)。out 对象的用法将在后面详细介绍。

7.2.2　JSP 小脚本

JSP 小脚本称为 Scriptlet，又叫 Java 程序片段，它可以将任何复杂的 Java 代码嵌入到 JSP 页面中，用来实现相关的操作和控制。

在脚本片段中只能出现 Java 代码，也必须遵循 Java 语法，JSP 引擎在翻译 JSP 页面时会原封不动地将片段中的内容放到 Servlet 的_jspService 方法中，不同脚本片段中的数据可以共享，单个脚本片段的语句可以是不完整的，但是 JSP 页面中的所有脚本片段合起来必须是完整的。

其使用格式如下：

```
<%　任意 Java 代码%>
```

嵌入多行 Java 代码的片段：

```
1.　　<%
2.　　　　String data="你好";
3.　　　　out.write(data);
4.　　%>
```

在使用 JSP 小脚本嵌入 Java 代码时，应注意以下事项：

1）一个 JSP 页面可以有许多个 JSP 小脚本，JSP 引擎将顺序执行这些 Java 程序段。

2）可以将一个程序片段拆分成几个更小的程序片段，然后在这些小的程序片段之间插入 JSP 页面的其他标记元素，这是 JSP 中常用的使用技巧。

如下代码片段所示：

```
1.　　<%　!
2.　　　int x=100;
3.　　　%>
4.　　<body>
5.　　　<% if(x>50)
6.　　　　{
7.　　　　%>
8.　　　　　<%=x%>是大于 50 的数！
9.　　　<%　} else if (x<0) { %>
```

10.		<%=x%>是个负数！
11.		<% } %>
12.		</body>

小脚本的使用非常灵活，它所实现的功能是 JSP 表达式无法实现的。

7.2.3　JSP 声明

JSP 声明是指在 JSP 页面中定义变量和方法，声明后的变量和方法可以在 JSP 页面的任意地方使用。定义格式如下：

<%!　声明 1；[声明 2；]…%>

如下面例子：

```
1.    <%@ page language="java" contentType="text/html;charset=GBK" %>
2.    <html>
3.     <%!
4.       private String ID="Johnson";
5.       private String returnID()
6.         {
7.           return ID;
8.         }
9.        int count = 0;
10.    %>
11.   <head></head>
12.   <body>
13.    <h1> contentType </h1>
14.    <table border="1">
15.      <tr>
16.        <td>Hello, contentType!</td>
17.      </tr>
18.    </table>
19.     The UserID:<%=ID%><br/>
20.    <%
21.      String UserID=returnID();
22.      out.println("The UserID: "+UserID);
23.    %>
24.    </br>
25.    <% count ++;%>
26.    你是服务器启动以来，第<%=count %>个访问者。
27.    </body>
28.   </html>
```

使用声明时应该注意以下事项：

1）声明一段 Java 代码，必须以"；"结束。

2）<%!和%>之间声明的变量或方法在整个 JSP 页面中都有效。当多个客户请求同一个 JSP 页面时，共享其成员变量。

3）声明是不会有任何输出的，所以它一般和 JSP 表达式或者小脚本结合在一起使用。

4）在声明中定义的变量和方法是全局变量和方法。

上例运行结果如图 7-6 所示。

图 7-6　JSP 声明运行图

上面的代码首先声明了一个全局的变量 count，然后通过<% count ++;%>小脚本为 count 增加数值。当每次刷新页面时，就会输出增加 1。

7.2.4　小脚本和声明的区别

小脚本和声明的最大区别是，采用声明来创建变量和方法，这个变量和方法都是全局变量和方法，在当前 JSP 页面中有效，它的生命周期从创建开始到服务器关闭才结束；而采用小脚本创建的变量或方法，虽然在当前 JSP 页面中也是有效的，但是它的生命周期随着页面的关闭而结束。

【知识点拓展练习】：

采用小脚本、表达式、声明等 JSP 脚本元素，实现一个 JSP 页面，在页面中输出入图 7-7 所示的"九九乘法口诀表"。

1*1=1	2*1=2	3*1=3	4*1=4	5*1=5	6*1=6	7*1=7	8*1=8	9*1=9
1*2=2	2*2=4	3*2=6	4*2=8	5*2=10	6*2=12	7*2=14	8*2=16	9*2=18
1*3=3	2*3=6	3*3=9	4*3=12	5*3=15	6*3=18	7*3=21	8*3=24	9*3=27
1*4=4	2*4=8	3*4=12	4*4=16	5*4=20	6*4=24	7*4=28	8*4=32	9*4=36
1*5=5	2*5=10	3*5=15	4*5=20	5*5=25	6*5=30	7*5=35	8*5=40	9*5=45
1*6=6	2*6=12	3*6=18	4*6=24	5*6=30	6*6=36	7*6=42	8*6=48	9*6=54
1*7=7	2*7=14	3*7=21	4*7=28	5*7=35	6*7=42	7*7=49	8*7=56	9*7=63
1*8=8	2*8=16	3*8=24	4*8=32	5*8=40	6*8=48	7*8=56	8*8=64	9*8=72
1*9=9	2*9=18	3*9=27	4*9=36	5*9=45	6*9=54	7*9=63	8*9=72	9*9=81

图 7-7　在 JSP 页面中输出九九乘法口诀表

7.3　JSP 指令

JSP 指令（directive）是为 JSP 引擎而设计的，它们并不直接产生任何可见输出。使用 JSP

指令来指定页面的有关输出方式、引用包、文件加载、缓冲区、出错页面、出错处理等相关设置。JSP 指令的主要作用是和 JSP 引擎之间进行有效的沟通，负责将消息发送到服务器端，所有的指令都在 JSP 整个文件范围内有效。

JSP 指令的语法格式如下：

<%@ 指令名称 属性 1="属性值 1" 属性 2="属性值 2" 属性 3="属性值 3" ...%>

在 JSP 2.0 规范中共定义了 3 个指令元素：page 指令、include 指令、taglib 指令。

1）page 指令用来设置 JSP 文件中的全局属性和属性值。

2）include 指令用来在 JSP 编译时插入包含的文件。

3）taglib 指令用来声明允许页面使用程序员自定义的标签或者 JSTL 标签。

JSP 指令的基本语法格式：<%@ 指令属性名="值" %>。需要注意以下两个方面：

1）属性值总是用单引号或者双引号括起来。

2）如果一个指令有多个属性，则属性之间用空格分隔，不需要任何标点。

以下为举例：

<%@ page contentType="text/html;charset=gb2312"%>

如果一个指令有多个属性，则多个属性可以写在一个指令中，也可以分开写。例如：

<%@ page contentType="text/html;charset=gb2312"%>

<%@ page import="java.util.Date"%>

也可以写成：

<%@ page contentType="text/html;charset=gb2312" import=" java.util.Date"%>

7.3.1　page 指令

page 指令用于定义 JSP 页面的各种属性，无论 page 指令出现在 JSP 页面中的什么地方，其作用域都是整个 JSP 页面，为了保持程序的可读性和遵循良好的编程习惯，page 指令最好放在整个 JSP 页面的起始位置。

通过这个指令定义的属性会对该 JSP 页面和包含进来的 JSP 页面都起作用。其使用格式为：<%@ page attribute="value"%>，其中 attribute 为属性名，value 为属性值。

完整的语法格式如下：

```
<%@ page [ language="java" ]
    [ import="{package.class | package.*},..." ] [ session="true | false" ]
    [ buffer="none | 8kb | sizekb" ] [ autoFlush="true | false" ]
    [ isErrorPage="true | false" ] [ errorPage="relativeURL" ]
    [ contentType="mimeType [;charset=characterSet]" ]
    [ isThreadSafe="true | false" ]
    [ pageEncording="GBK | GBK2312 | UTF-8 | ISO-8859-1" ]
%>
```

属性的含义：

（1）language 属性。

language 属性用来指定 JSP 页面使用的脚本语言的种类，目前只能用 "Java"。在 JSP 页面中，这个 language 属性可以省略，此时系统将默认使用脚本语言 Java。

（2）import 属性。

import 属性用来导入 Java 包的列表，和 Java 源码中的 import 意义一样。可以使用一个 import 对应导入一个 Java 包，如：

```
<% @ page import="java.io.* " %>
```

如果页面中需要引入多个包的 Java 类，则可以为一个 import 指定多个属性值，属性值之间用逗号隔开，如：

```
<% @ page import="java.io.*, java.util.*" %>
```

import 属性比较特殊，可以允许一个页面中的 page 指令有多个 import 属性，因此上面的代码可以改成如下代码：

```
<% @ page import="java.io.*" %>
```

```
<% @ page import="java.util.*" %>
```

注意

有些 Java 包是默认导入页面的，当页面加载时会自动导入，这几个包是：java.lang.*、javax.servlet.*、javax.servlet.jsp.*和 javax.servlet.http.*。

（3）session 属性。

session 属性可以指定一个页面是否启用 session 会话，其属性值为逻辑值，如果为 true 则表明页面中启用了会话 session，否则 session 失效。这个属性所涉及的 session 对象是 JSP 的重要内置对象之一。

（4）buffer 属性。

buffer 属性可以指定客户输出流的缓冲模式，如果值为 none，则页面没有启用缓冲区；如果指定了数值，则指定了页面缓冲区的大小。

（5）autoFlush 属性。

autoFlush 属性可以指定缓冲区是否可以自动刷新，当值为 true，缓冲区满时就自动刷新；如果值为 false，当缓冲区满后会出现缓冲异常。

（6）errorPage 属性。

errorPage 属性可以指明当页面发生错误后的跳转页面地址。其格式为：

```
<%@ page errorPage="error.jsp" %>
```

其中 error.jsp 为系统定义好的出错页面。

建议 errorPage 属性的设置值使用相对路径（不写"/"或者写"./"），也可以使用绝对路径。绝对路径以"/"开头，表示相对于当前 Web 应用程序的根目录（注意不是站点根目录）；相对路径表示相对于当前页面。也可以在 web.xml 文件中使用<error-page>元素为整个 Web 应用程序设置错误处理页面，其中的<exception-type>子元素指定异常类的完全限定名，<location>元素指定以"/"开头的错误处理页面的路径。如果设置了某个 JSP 页面的 errorPage 属性，那么在 web.xml 文件中设置的错误处理将不对该页面起作用。

（7）isErrorPage 属性。

isErrorPage 指明此页是否为出错页，如果被设置为 true，就能在该页面中使用 exception 对象，默认值为 false。格式为：

```
<%@ page isErrorPage = "true" %>
```

（8）contentType 属性。

定义 JSP 页面字符编码和页面响应的 MIME 类型。MIME 类型有以下几种。

text/plain：纯文本文件。

text/html：纯文本的 HTML 页面，这个类型是默认类型。

application/x-msexcel：Excel 文件。

application/msword：Word 文件等。

JSP 页面默认的字符编码格式是"ISO-8859-1"，如果页面中包含中文字符，则需要使用 contentType 属性更改字符编码值为 GBK、GB2312 或 UTF-8。contentType 属性具有说明 JSP 源文件的字符编码的作用。其格式为：

```
<%@ page contentType = "text/html;charset=GBK" %>
```

（9）pageEncoding 属性。

pageEncoding 属性可以指定 JSP 页面的字符编码，其格式为：

```
<%@ page pageEncoding ="GB2312" %>
```

（10）isThreadSafe 属性。

isThreadSafe 定义 JSP 容器执行 JSP 程序的方式，默认值为 true，代表 JSP 容器会以多线程方式运行 JSP 页面。当设定值为 false 时，JSP 容器会以单线程方式运行 JSP 页面。

采用 errorPage 属性处理页面发生异常的方法和步骤如下：

1）首先在"ch07_1"文件夹中创建错误处理页面 ch07_error.jsp，设置 isErrorPage 的值为 true，代码如下所示：

```
1.   <%@ page language="java" import="java.util.*" isErrorPage="true" pageEncoding="GBK"%>
2.   <!DOCTYPE HTML PUBLIC "-//W3C//DTD HTML 4.01 Transitional//EN">
3.   <html>
4.     <head>
5.       <title>捕获异常情况处理页面</title>
6.     </head>
7.     <body>
8.       抱歉，出现了如下异常情况：  <br>
9.       <%=exception.toString() %>
10.    </body>
11.  </html>
```

2）同样在"ch07_1"文件夹下创建被零除的异常页面 ch07_exception.jsp，设置 page 指令的 errorPage 属性值为异常处理页面 ch07_error.jsp。代码如下所示：

```
1.   <%@ page language="java" import="java.util.*" errorPage="ch07_error.jsp" pageEncoding="GBK"%>
2.   <!DOCTYPE HTML PUBLIC "-//W3C//DTD HTML 4.01 Transitional//EN">
3.   <html>
4.     <head>
5.       <title>被零除的异常情况页面</title>
6.     </head>
7.     <body>
```

```
8.        <%
9.            int div1 = 0;
10.           int div2 = 5;
11.           out.print("div2/div1=" + div2/div1);
12.       %>
13.    </body>
14.  </html>
```

3）在地址栏输入 http://localhost:8080/NewsReleaseSystem/ch07_1/ch07_exception.jsp，按 <Enter>键，会出现错误处理页面中的异常处理信息，如图 7-8 所示。

图 7-8　异常捕获及处理

7.3.2　include 指令

include 指令用来在该指令处静态包含一个文件。所谓静态包含是指被包含的文件中的所有内容会被原样包含到该 JSP 页面中，即使被包含的文件中有 JSP 代码，在包含时也不会被编译执行。其使用的语法格式如下：

`<%@ include file="文件路径"%>`

该指令只有一个 file 属性，用来指定要包含的文件路径。文件路径一般使用相对路径，这样如果程序代码文件进行迁移也不会有所影响。路径如果以"/"开头，则表明使用的是相对 JSP 服务器应用的根目录的路径；如果直接用文件名或是文件夹名+文件名，则表明是相对本 JSP 文件当前目录的相对路径。

include 指令用来指定把另一个文件包含到当前的 JSP 页面中，包含这个动作在 JSP 页面被转译成 servlet 时进行，文件合并后被编译成一个扩展名为".class"的文件。被包含进来的文件可以是普通的文本文件，也可以是一个 HTML 页面、JSP 页面或一段 Java 代码，编译时做文本或代码的替换。

采用 include 指令，可以实现 JSP 页面的模块化设计，大大提高页面代码的利用率，使 JSP 的开发和维护变得非常简单。

采用 include 指令包含静态 HTML 页面的步骤如下：

1）在 ch07_1 文件夹下创建一个 HTML 文件 ch07_include1.jsp，页面里面写上"这是被加载进来的内容"。

2）在 ch07_1 文件夹下创建 ch07_include.jsp 页面，注意在 page 指令中增加 pageEncoding 和 contentType 属性，代码如下：

```
1.  <%@ page language="java" import="java.util.*" pageEncoding="GBk"
    contentType="text/html;charset=gbk" %>
2.  <!DOCTYPE HTML PUBLIC "-//W3C//DTD HTML 4.01 Transitional//EN">
3.  <html>
```

```
4.        <head>
5.          <title>My JSP 'ch07_include.jsp' starting page</title>
6.        </head>
7.        <body>
8.        <%@include file="ch07_include1.jsp" %>
9.        <br>
10.         这是 JSP 页面中的内容 <br>
11.       </body>
12.     </html>
```

运行结果如图 7-9 所示。

图 7-9　静态文件加载

7.3.3　taglib 指令

在 JSP 页面中可以通过 taglib 指令来引入自定义的或第三方的标签库。标签库是扩展 JSP 的功能的自定义标签的集合。

语法：

```
<%@ taglib uri ="tagLibraryURI" prefix="tagPrefix" %>
```

属性 uri 指明标签库的地址，取值可以是 URI、标签库描述文件。

prefix 是为标签设置的前缀。此前缀用来区分标准 HTML 标签和标签库中的标签。

关于在页面中使用 taglib 指令来引入第三方、自定义或 JSP 的 JSTL 标准标签库的用法，请参见后面的章节，这里不做详细介绍。

7.4　升级"新闻发布系统"

7.4.1　开发任务

继续升级"新闻发布系统"。

任务一：实现新闻栏目的查询列表功能。

任务二：实现新闻内容的查询列表功能。

训练技能点：

1）会使用 JSP 的 page 指令。

2）会使用 JSP 的脚本元素。

3）会使用 JSP 的表达式。

4）会使用 SQL 语句的拼接技巧。

7.4.2 具体实现

首先在 webRoot 目录下创建一个 ch07 文件夹,以下创建的所有页面都在 ch07 文件夹中。

任务一: 实现新闻栏目的查询列表功能

【步骤】:

（1）在 Src 下的包 "czmec.cn.news" 下创建 "ch07.Dao.DaoImpl" 包,在 "ch07" 包下创建一个 "Entity" 包,在这个包中创建一个实体类 NewsTitleBar。该实体类专门用来封装新闻栏目对象的属性,包括新闻栏目 id-titleBarID、栏目名称-titleBarName、创建者 ID-createrID、有效性-yxx 以及创建时间-createDate。代码如下所示:

```
1.    package czmec.cn.news.ch07.Entity;
2.    public class NewsTitleBar {
3.        private int titleBarID;// 栏目ID
4.        private String titleBarName;// 栏目名称
5.        private int createrID;// 创建者ID
6.        private String createDate;// 创建时间
7.    private String yxx;//有效性
8.        public int getTitleBarID() {
9.            return titleBarID;
10.       }
11.
12.       public void setTitleBarID(int titleBarID) {
13.           this.titleBarID = titleBarID;
14.       }
15.
16.       public String getTitleBarName() {
17.           return titleBarName;
18.       }
19.
20.       public void setTitleBarName(String titleBarName) {
21.           this.titleBarName = titleBarName;
22.       }
23.
24.       public int getCreaterID() {
25.           return createrID;
26.       }
27.
28.       public void setCreaterID(int createrID) {
```

```
29.            this.createrID = createrID;
30.        }
31.
32.        public String getCreateDate() {
33.            return createDate;
34.        }
35.
36.        public void setCreateDate(String createDate) {
37.            this.createDate = createDate;
38.        }
39.    …
40.    }
```

（2）在"ch07.Dao"包下创建新闻栏目数据访问接口 NewsTitleBarDao，创建过程可参照 UserDao 接口的创建过程。在 NewsTitleBarDao 接口中分别实现栏目的添加 barAdd()、栏目的修改 barEdit(NewsTitleBar bar)、栏目的删除 barDel(NewsTitleBar bar)以及栏目的查询 barSelectListByTitleName (NewsTitleBar bar)四个方法，部分代码如下所示：

```
1.    public interface NewsTitleBarDao {
2.
3.        /**
4.         * 添加新闻栏目
5.         * @param bar  新闻栏目对象
6.         * @return int类型：1：插入成功；0：插入失败
7.         */
8.        public int barAdd(NewsTitleBar bar);
9.        /**
10.        * 修改新闻栏目
11.        * @param bar  新闻栏目对象
12.        * @return int类型：1：修改成功；0：修改失败
13.        */
14.        public int barEdit(NewsTitleBar bar);
15.        /**
16.        * 删除新闻栏目
17.        * @param bar  新闻栏目对象
18.        * @return int类型：1：删除成功；0：删除失败
19.        */
20.        public int barDel(NewsTitleBar bar);
21.
22.        /**
23.        * 根据新闻栏目名称查询
```

```
24.          * @param bar
25.          * @return
26.          */
27.          public List barSelectListByTitleName(NewsTitleBar bar);
28.    }
```

上述代码中使用了 NewsTitleBar 这个实体类，因此需在开头导入包"import czmec. cn.news.ch07.Entity.NewsTitleBar;"。

（3）在"ch07.Dao.DaoImpl"下创建类"NewsTitleBarDaoImpl"，先实现 NewsTitleBarDao 接口中的 barSelectListByTitleName（NewsTitleBar bar）方法功能。在实现新闻栏目的相关功能时需要访问数据库，因此可以将"czmec.cn.news.ch05.util"导入，继承"BaseDao.java"，部分代码如下所示：

```
1.     public List barSelectListByTitleName(NewsTitleBar bar) {
2.              // TODO Auto-generated method stub
3.              Connection conn = null;      // 数据库连接
4.              PreparedStatement pstmt = null;     // 创建PreparedStatement对象
5.              ResultSet rs = null;     // 创建结果集对象
6.              List barList = new ArrayList();
7.              String sql= "select titleBarID,titleBarName,
                         createrID,createDate,";
8.              sql +=   " CASE WHEN yxx='1'    THEN '有效' "
                         + " WHEN yxx='0'    THEN '无效'    end as yxx ";
9.          sql += " from titleBar where 1=1 ";
10.             if(bar!=null)
11.                 sql = sql + " and titleBarName = '" + bar.getTitleBarName() + "'";
12.             try
13.         {
14.          conn = this.getConn();
15.          pstmt = conn.prepareStatement(sql);
16.
17.             rs =    pstmt.executeQuery();
18.             while (rs.next())
19.             {
20.                 NewsTitleBar newsbar = new NewsTitleBar();
21.                 newsbar.setCreateorID(rs.getInt("createorID"));
22.                 newsbar.setCreateDate(rs.getString("createDate"));
23.                 newsbar.setTitleBarName(rs.getString("titleBarName"));
24.                 newsbar.setTitleBarID(rs.getInt("titleBarID"));
25.                 barList.add(newsbar);
26.             }
27.         }catch(Exception e)
```

```
28.              {
29.                  e.printStackTrace();
30.              }
31.          return barList;
32.          }
33.      …
```

上述加粗代码第 7～9 行的编码方式，不仅采用了 SQL 拼接技巧，还采用了 case 语句，将根据有效性字段"yxx"的取值是"1"还是"0"设置为"有效"或"无效"。

（4）参考第 6 章中创建的页面"NewsTitle.jsp"，创建新闻栏目查询列表页面 News Title BarList.jsp，并将"ch06"文件夹下的"CSS""images""JS"文件夹复制到"ch07"文件夹中。主要代码如下：

```
1.   <form name="form1" method="post" action="NewsTitleBarList.jsp">
2.       <h1 align="center" id="title">新闻栏目管理</h1>
3.       <table width="100%" cellspacing="0" cellpadding="0"    class="admintable">
4.        <tr>
5.         <td colspan="3" id="title2"><div align="left">
                  <img src="./images/Forum_readme.gif"></img>
                  <font size="3">查询条件</font></div></td>
6.        </tr>
7.          <tr>
8.              <td   height="29" class="admintd">
9.                  <div align="right">栏目名称：</div>
10.             </td>
11.             <td   valign="middle" align="right" height="29" class="admincls0">
12.                 <div align="center"><input type="text" name="titlename" size="20"
                        value=""></div>
13.             </td>
14.             <td align="center" class="admincls0">
15.               <div align="center">
16.                   <input type="submit" name="submit" value="查询" >
17.                   <input type="reset" name="Reset" value="清空">
18.               </div>
19.             </td>
20.          </tr>
21.       </table>
22.   </form>
23.
24.   <table cellSpacing="0" cellPadding="0" width="100%" border="0">
25.    <tr>
26.      <td background="./images/line_01.gif" height="2"></td>
```

```
27.        </tr>
28.      </table>
29.      <table width="100%"  cellspacing="0" cellpadding="0"  class="admintable">
30.        <tr>
31.          <td colspan="5" id="title2"><div align="left">
                  <img src="./images/Forum_readme.gif"></img>
                  <font size="3">新闻栏目列表</font></div></td>
32.        </tr>
33.        <tr>
34.          <td   height="29" class="admintd">
35.            <div align="center">新闻栏目ID</div>
36.          </td>
37.          <td   height="29" class="admintd">
38.            <div align="center">新闻栏目名称</div>
39.          </td>
40.          <td   height="29" class="admintd">
41.            <div align="center">栏目创建者</div>
42.          </td>
43.          <td   height="29" class="admintd">
44.            <div align="center">创建时间</div>
45.          </td>
46.          <td   height="29" class="admintd">
47.            <div align="center">有效性</div>
48.          </td>
49.        </tr>
50.        <tr>
51.          <td   align="center"   class="admincls0">
52.            <div align="center"> </div>
53.          </td>
54.          <td   align="center"   class="admincls0">
55.            <div align="center">    </div>
56.          </td>
57.          <td   align="center"   class="admincls0">
58.            <div align="center">  </div>
59.          </td>
60.          <td   align="center"   class="admincls0">
61.            <div align="center">  </div>
62.          </td>
63.          <td   align="center"   class="admincls0">
64.            <div align="center">  </div>
```

```
65.          </td>
66.        </tr>
67.      </table>
```

上述代码产生的页面效果如图 7-10 所示。

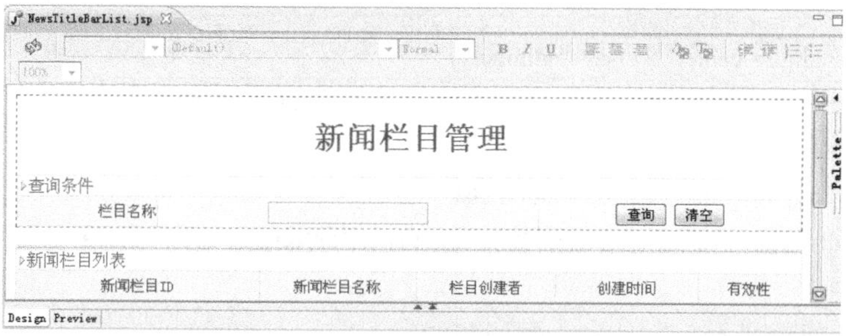

图 7-10 新闻栏目列表页面效果图

修改上述代码：

首先在页面的第二行添加如下代码，在页面中引入相关的包：

<%@page import ="czmec.cn.news.ch07.Dao.*,czmec.cn.news.ch07.Dao.DaoImpl.*"   %>
<%@page import="czmec.cn.news.ch07.Entity.*" %>

其次，在代码中的任意地方添加如下代码，在页面中使用 JSP 小脚本：

```
1.   <%
2.       NewsTitleBarDao newsTitleBarDao = new NewsTitleBarDaoImpl();
3.       NewsTitleBar newsTitleBar = new NewsTitleBar();
4.       newsTitleBar = null;
5.       List newTitleBarList = newsTitleBarDao.barSelectListByTitleName(newsTitleBar);
6.   %>
```

上述代码的第二行是创建一个 NewsTitleBarDaoImpl 类并指向接口 NewsTitleBarDao，第五行是调用 newsTitleBarDao 对象中的 barSelectListByTitleName( )方法实现新闻栏目的查询。

最后，修改上述代码的第 48～62 行，代码如下所示：

```
1.   <%
2.       if(newTitleBarList.size() ==0)
3.       {
4.   %>
5.   <tr>
6.     <td   valign="middle" align="right" height="29"   class="admincls0" colspan="5">
7.      <div align="center">查询结果为空</div>
8.     </td>
9.
10.  </tr>
11.  <%
12.      }else//查询的结果不为空
13.      {
```

115

```
14.          for(int i=0;i<newTitleBarList.size();i++)
15.          {
16.              NewsTitleBar bar = (NewsTitleBar) newTitleBarList.get(i);
17.  %>
18.  <tr>
19.  <td   align="center"   class="admincls0">
20.      <div align="center"><%=bar.getTitleBarID() %></div>
21.  </td>
22.  <td   align="center"   class="admincls0">
23.      <div align="center"> <%=bar.getTitleBarName() %>   </div>
24.  </td>
25.  <td   align="center"   class="admincls0">
26.      <div align="center"> <%=bar.getCreateorID() %>   </div>
27.  </td>
28.  <td   align="center"   class="admincls0">
29.      <div align="center"> <%=bar.getCreateDate() %>   </div>
30.  </td>
31.  <td   align="center"   class="admincls0">
32.      <div align="center"> <%=bar.getYxx() %>   </div>
33.  </td>
34.  </tr>
35.  <%
36.      }
37.      }
38.  %>
39.  </table>
```

上述黑体加粗代码的书写方法，将 JSP 小脚本及表达式嵌入到页面中，可以实现 JSP 页面动态内容的输出。

经过修改后，新闻栏目查询列表页面的设计原型如图 7-11 所示。

图 7-11　新闻栏目查询列表页面设计原型图

116

（5）重新部署"新闻发布系统"，启动 Tomcat 服务器，在浏览器中输入：http://localhos t:80
80/NewsReleaseSystem/ch07/NewsTitleBarList.jsp，按<Enter>键，可以看到新闻栏目管理运行
页面，如图 7-12 所示。

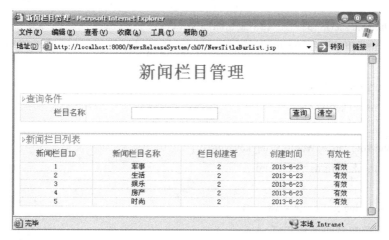

图 7-12　新闻栏目管理运行页面

任务二：实现新闻内容的查询列表功能

【步骤】：

（1）在 Src 下的包"czmec.cn.news.ch07.Entity"下创建一个新闻内容实体类 NewsContent.java。
该实体类专门用来封装新闻内容对象的属性，包括新闻内容 ID-newID、新闻名称-titleName、新
闻关键字-keyWords、新闻简介-contentAbstract、新闻内容-content、发布人 ID-writerID、新闻所
属栏目 ID-titlebarID 以及发布时间-addDate。代码如下所示：

```
1.     public class NewsContent {
2.         private int newID;// 新闻ID
3.         private String titleName;// 新闻标题
4.         private String content;// 新闻内容
5.         private String addDate;// 新闻发布时间
6.         private int writerID;// 新闻发布人ID
7.         private String titlebarID;// 新闻所属栏目ID
8.         private String keyWords;//关键字
9.         private String contentAbstract;//内容简介
10.        private String personName;//人员姓名
11.        private String titleBarName;//新闻所属栏目名称
12.
13.        public String getPersonName() {
14.            return personName;
15.        }
16.        public void setPersonName(String personName) {
17.            this.personName = personName;
```

117

```
18.        }
19.        public String getTitleBarName() {
20.            return titleBarName;
21.        }
22.        public void setTitleBarName(String titleBarName) {
23.            this.titleBarName = titleBarName;
24.        }
25.        public String getKeyWords() {
26.            return keyWords;
27.        }
28.        public void setKeyWords(String keyWords) {
29.            this.keyWords = keyWords;
30.        }
31.        public String getContentAbstract() {
32.            return contentAbstract;
33.        }
34.        public void setContentAbstract(String contentAbstract) {
35.            this.contentAbstract = contentAbstract;
36.        }
37.        public int getNewID() {
38.            return newID;
39.        }
40.        public void setNewID(int newID) {
41.            this.newID = newID;
42.        }
43.        public String getTitleName() {
44.            return titleName;
45.        }
46.        public void setTitleName(String titleName) {
47.            this.titleName = titleName;
48.        }
49.        public String getContent() {
50.            return content;
51.        }
52.        public void setContent(String content) {
53.            this.content = content;
54.        }
55.        public String getAddDate() {
56.            return addDate;
57.        }
```

```
58.         public void setAddDate(String addDate) {
59.             this.addDate = addDate;
60.         }
61.         public int getWriterID() {
62.             return writerID;
63.         }
64.         public void setWriterID(int writerID) {
65.             this.writerID = writerID;
66.         }
67.         public String getTitlebarID() {
68.             return titlebarID;
69.         }
70.         public void setTitlebarID(String titlebarID) {
71.             this.titlebarID = titlebarID;
72.         }
73.     }
```

上述代码中第 10、11 行的黑体加粗代码，添加了"人员姓名"及"新闻所属栏目名称"两个属性。

（2）在"ch07.Dao"包下创建新闻内容数据访问接口 NewsContentDao，创建过程可参照 NewsTitleBarDao 接口的创建过程。在 NewsContentDao 接口中分别定义栏目的新闻添加 newsAdd()、新闻修改 newsEdit（NewsContent news）、新闻删除 newsDel（NewsContent news）以及新闻查询 newsSelectListByTitleName_Content_Writer（NewsContent news）四个方法，部分代码如下所示：

```
1.    public interface NewsContentDao {
2.        /**
3.         * 新闻添加
4.         * @return 返回值类型 int ,1：添加成功；0：添加失败
5.         */
6.        public int newsAdd();
7.        /**
8.         * 新闻修改
9.         * @param news 新闻对象类型
10.        * @return 返回值类型 int,1：修改成功；0：修改失败
11.        */
12.       public int newsEdit(NewsContent news);
13.       /**
14.        * 新闻删除
15.        * @param news 新闻对象类型
16.        * @return 返回值类型 int,1：删除成功；0：删除失败
```

```
17.        */
18.        public int newsDel(NewsContent news);
19.        /**
20.         * 按照新闻标题、关键字 、新闻简介、新闻所属栏目名称
21.         * @param news  新闻对象类型
22.         * @return 符合查询条件的新闻列表
23.         */
24.        public List newsSelectListByTitleName_Content_Writer(NewsContent news);
25.    }
```

上述代码中使用了 NewsContent.java 这个实体类,因此需在开头导入包"import czmec.cn.news.ch07.Entity.NewsContent;"。

(3)在"ch07.Dao.DaoImpl"下创建类"NewsContentDaoImpl.java",先实现 NewsContentDao 接口中的 newsSelectListByTitleName_Content_Writer(NewsContent news)方法功能。在实现新闻内容的相关功能时需要访问数据库,因此可以将"czmec.cn.news.ch05.util"导入,继承"BaseDao.java",部分代码如下所示:

```
1.   public class NewsContentDaoImpl extends BaseDao implements NewsContentDao {
2.       public List newsSelectListByTitleName_Content_Writer(NewsContent news) {
3.           Connection        conn = null;    // 数据库连接
4.           PreparedStatement pstmt = null;   // 创建PreparedStatement对象
5.           ResultSet         rs   = null;    // 创建结果集对象
6.           List newsList = new ArrayList();
7.           String   sql   = "select a.*,b.titleBarName as titleBarName,
                    c.userRealName as PersonName   from
                    NewsContent as a,titleBar as b   userInfo as c
                    where a.titlebarID=b.titleBarID and a.writerID=c.userID ";
8.           if(news != null)
9.           {
10.              if(news.getTitleName()!="")
                     sql +="and b.titleName='"+news.getTitleName() + "' ";
11.              if(news.getkeywords()!="")
                     sql += " and keyWords = '" + news.getKeyWords() + "' ";
12.              if(news.getContentAbstract()!="")
13.                  sql += " and content Abstract = '" + news.getContentAbstract() + "' ";
14.              if(news.getTitleBarName()!="")
15.                  sql += " and b.titleNarName = '" + news.getTitleBarName() + "' ";
16.          }
17.            try
18.          {
19.          conn = this.getConn();
20.          pstmt = conn.prepareStatement(sql);
21.              rs =  pstmt.executeQuery();
```

120

```
22.          while (rs.next())
23.            {
24.                NewsContent newscontent = new NewsContent();
25.                newscontent.setAddDate(rs.getString("addDate"));
26.                newscontent.setContent(rs.getString("content"));
27.                newscontent.setContentAbstract(rs.getString("contentAbstract"));
28.                newscontent.setKeyWords(rs.getString("keyWords"));
29.                newscontent.setNewID(rs.getInt("newID"));
30.                newscontent.setTitlebarID(rs.getString("titlebarID"));
31.                newscontent.setTitleName(rs.getString("titleName"));
32.                newscontent.setWriterID(rs.getInt("writerID"));
33.                newscontent.setTitleBarName(rs.getString("titleBarName"));
34.                newscontent.setPersonName(rs.getString("personName"));
35.                newsList.add(newscontent);
36.            }
37.        }catch(Exception e)
38.        {
39.            e.printStackTrace();
40.        }
41.        return newsList;
42.    }
43.    …
44. }
```

上述第 7～16 行的黑体加粗代码，采用 SQL 语句的拼接技巧和多表连接查询，实现了 SQL 语句中的查询条件不为空的时候才生效的功能。

（4）参考第 6 章中创建的页面"NewsTitleBarLis.jsp"，创建新闻栏目查询列表页面 News ContentList.jsp。主要代码如下：

```
1.  <form name="form1" method="post" action="NewsContentList.jsp">
2.      <h1 align="center" id="title">新闻内容管理</h1>
3.      <table width="100%" cellspacing="0" cellpadding="0"    class="admintable">
4.        <tr>
5.          <td colspan="4" id="title2"><div align="left">
6.                <img src="./images/Forum_readme.gif"></img>
                  <font size="3">查询条件</font></div></td>
6.        </tr>
7.        <tr>
8.          <td   height="29" class="admintd">
9.              <div align="right">新闻名称</div>
10.           </td>
```

```
11.          <td   valign="middle" align="right" height="29" class="adminicls0">
12.              <div align="center"><input type="text" name="newsTitleName" size="20" value=""></div>
13.          </td>
14.          <td   height="29" class="admintd">
15.              <div align="right">新闻关键字</div>
16.          </td>
17.          <td   valign="middle" align="right" height="29" class="adminicls0">
18.              <div align="center"><input type="text" name="newsKeyWords" size="20" value=""></div>
19.          </td>
20.      </tr>
21.      <tr>
22.          <td   height="29" class="admintd">
23.              <div align="right">新闻简介</div>
24.          </td>
25.          <td   valign="middle" align="right" height="29" class="adminicls0">
26.              <div align="center"><input type="text" name="newsAbstract" size="20" value=""></div>
27.          </td>
28.          <td   height="29" class="admintd">
29.              <div align="right">新闻所属栏目</div>
30.          </td>
31.          <td   valign="middle" align="right" height="29" class="adminicls0" >
32.              <div align="center" > 
33.                <select id="newsTitleBarName" > <option></option>
34.                </select>
35.                  </div>
36.          </td>
37.      </tr>
38.
39.      <tr>
40.        <td align="center" class="adminicls0" colspan="4">
41.          <div align="center">
42.              <input type="submit" name="submit" value="查询" >
43.              <input type="reset" name="Reset" value="清空">
44.          </div>
45.      </td>
46.      </tr>
47.      </table>
48.  </form>
49.
50.      <table cellSpacing="0" cellPadding="0" width="100%" border="0">
```

122

```
51.        <tr>
52.          <td background="./images/line_01.gif" height="2"></td>
53.        </tr>
54.      </table>
55.      <table width="100%"   cellspacing="0" cellpadding="0"   class="admintable">
56.       <tr>
57.        <td colspan="6" id="title2"><div align="left">
                <img src="./images/Forum_readme.gif"></img><font size="3">
                新闻栏目列表</font></div></td>
58.      </tr>
59.        <tr>
60.          <td   height="29" class="admintd">
61.            <div align="center">新闻 ID</div>
62.          </td>
63.          <td   height="29" class="admintd">
64.            <div align="center">新闻标题</div>
65.          </td>
66.          <td   height="29" class="admintd">
67.            <div align="center">所属栏目</div>
68.          </td>
69.          <td   height="29" class="admintd">
70.            <div align="center">关键字</div>
71.          </td>
72.          <td   height="29" class="admintd">
73.            <div align="center">新闻简介</div>
74.          </td >
75.          <td   height="29" class="admintd">
76.            <div align="center">发布人</div>
77.          </td >
78.          <td   height="29" class="admintd">
79.            <div align="center">发布日期</div>
80.          </td >
81.        </tr>
82.        <tr>
83.          <td   valign="middle" height="29"   class="admincls0" >
84.            <div align="center"> </div>
85.          </td>
86.          <td   valign="middle" height="29"   class="admincls0" >
87.            <div align="center"> </div>
88.          </td>
```

```
89.              <td    valign="middle" height="29"    class="admincls0" >
90.                <div align="center"> </div>
91.              </td>
92.              <td    valign="middle" height="29"    class="admincls0" >
93.                <div align="center"> </div>
94.              </td>
95.              <td    valign="middle" height="29"    class="admincls0" >
96.                <div align="center"> </div>
97.              </td>
98.              <td    valign="middle" height="29"    class="admincls0" >
99.                <div align="center"> </div>
100.             </td>
101.         </table>
```

上述代码产生的页面效果如图 7-13 所示。

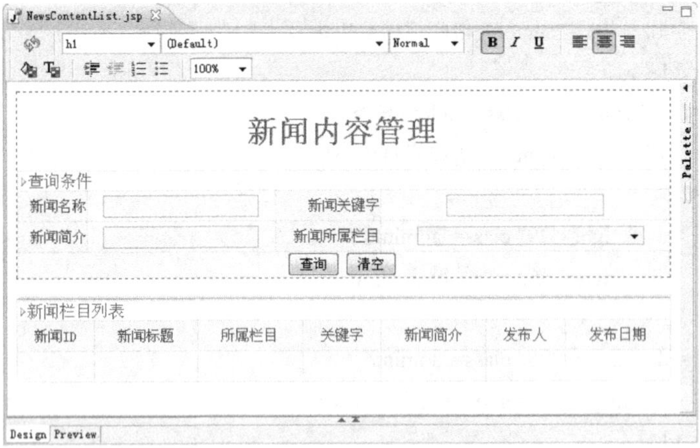

图 7-13　新闻栏目列表页面效果图

修改上述代码：

首先在代码的首行添加如下代码，这样可以在页面中使用这些包下的类：

```
<%@page import ="czmec.cn.news.ch07.Dao.*,czmec.cn.news.ch07.Dao.DaoImpl.*"   %>
<%@page import="czmec.cn.news.ch07.Entity.*" %>
```

其次，为了填充页面中的新闻所属栏目下拉列表**"newsTitleBarName"**（上述第 32～35 行的黑体加粗部分），需要在接口 NewsTitleBarDao.java 中定义一个方法 getAllNewsTitleBar()，这个方法用来获取所有有效的新闻栏目名称。方法定义如下：

```
1.    /**
2.       *  获取所有有效的新闻栏目列表
3.       *  @return
4.       */
5.       public List getAllNewsTitleBar();
```

继续在类 NewsTitleBarDaoImpl.java 中实现上述方法，代码如下：

```
1.      public List getAllNewsTitleBar()
2.          {
3.                  Connection conn = null;    // 数据库连接
4.                  PreparedStatement pstmt = null;    // 创建PreparedStatement对象
5.                  ResultSet rs = null;    // 创建结果集对象
6.                  List barList = new ArrayList();
7.                  String   sql  = "select * from titleBar where yxx='1' ";
8.                  try
9.          {
10.         conn = this.getConn();
11.         pstmt = conn.prepareStatement(sql);
12.
13.                 rs =   pstmt.executeQuery();
14.             while (rs.next())
15.             {
16.                     NewsTitleBar newsbar = new NewsTitleBar();
17.                     newsbar.setCreateorID(rs.getInt("createorID"));
18.                     newsbar.setCreateDate(rs.getString("createDate"));
19.                     newsbar.setTitleBarName(rs.getString("titleBarName"));
20.                     newsbar.setTitleBarID(rs.getInt("titleBarID"));
21.                     newsbar.setYxx(rs.getString("yxx"));
22.                     barList.add(newsbar);
23.             }
24.         }catch(Exception e)
25.         {
26.                 e.printStackTrace();
27.         }
28.             return barList;
29.         }
```

为所属新闻栏目名称下拉列表绑定数据，将下列代码：

```
        <div align="center" > 
            <select id="newsTitleBarName" > <option></option>
            </select>
```

修改为

```
1.    <div align="center" > 
2.        <select name="newsTitleBarName" id="newsTitleBarName" >
3.          <%
4.              NewsTitleBarDao newsbarDao = new NewsTitleBarDaoImpl();
```

```
5.          List l =  newsbarDao. getAllNewsTitleBar();
6.          for(int i=0;i<l.size();i++)
7.          {
8.              NewsTitleBar    newsTitleBar = (NewsTitleBar)l.get(i);
9.              %>
10.             <option><%=newsTitleBar.getTitleBarName()%></option>
11.         <%
12.         }
13.         %>
14.     </select>
15. </div>
```

最后修改图 7-13 之前的代码（第 82～100 行），使用 JSP 小脚本及表达式动态显示新闻内容列表，代码如下所示：

```
1.  <%
2.          //创建 NewsContentDaoImpl 类的对象 newsContentDao 并指向其接口
3.          NewsContentDao    newsContentDao = new NewsContentDaoImpl();
4.          //创建实体类对象新闻内容对象 NewsContent
5.          NewsContent newsContent = new    NewsContent();
6.          newsContent = null;
7.          //调用 newContentDao 中
8.          List newsContentList = newsContentDao.newsSelectListByTitleName_Content_Writer
(newsContent);
9.          if(newsContentList.size() ==0)
10.         {
11.     %>
12.      <tr>
13.      <td   valign="middle" height="29"   class="admincls0" colspan="7">
14.       <div align="center">没有新闻</div>
15.      </td>
16.      </tr>
17.      <%
18.      }else
19.      {
20.       for(int i=0;i<newsContentList.size();i++)
21.       {
22.          NewsContent newsContent2 = (NewsContent) newsContentList.get(i);
23.      %>
24.      <tr>
25.      <td   valign="middle" height="29"   class="admincls0" >
26.       <div align="center"> <%=newsContent2.getNewID() %></div>
27.      </td>
28.      <td   valign="middle" height="29"   class="admincls0" >
29.       <div align="center"> <%=newsContent2.getTitleName() %></div>
30.      </td>
31.      <td   valign="middle" height="29"   class="admincls0" >
```

```
32.            <div align="center"> <%=newsContent2.getTitleBarName() %></div>
33.          </td>
34.          <td   valign="middle" height="29"   class="admincls0" >
35.            <div align="center"> <%=newsContent2.getKeyWords() %></div>
36.          </td>
37.          <td   valign="middle" height="29"   class="admincls0" >
38.            <div align="center"><%=newsContent2.getContentAbstract() %></div>
39.          </td>
40.          <td   valign="middle" height="29"   class="admincls0" >
41.            <div align="center"> <%=newsContent2.getPersonName() %></div>
42.          </td>
43.          <td   valign="middle" height="29"   class="admincls0" >
44.            <div align="center"> <%=newsContent2.getAddDate() %></div>
45.          </td>
46.          <%
47.            }
48.          }
49.          %>
```

上述代码实现的新闻内容管理页面原型如图 7-14 所示。

图 7-14　新闻内容管理页面原型

（5）重新部署"新闻发布系统"，启动 Tomcat 服务器，在浏览器中输入：http://localhost:808
0/NewsReleaseSystem/ch07/NewsContentList.jsp，按<Enter>键，可以看到新闻内容管理运行页
面，如图 7-15 所示。

图 7-15　新闻内容管理运行页面（一）

127

当数据库中有数据时，运行结果如图 7-16 所示。

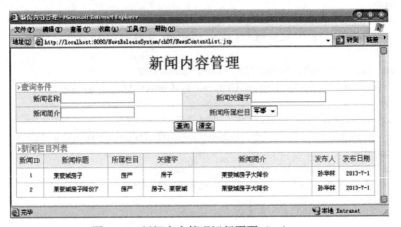

图 7-16　新闻内容管理运行页面（二）

第8章 JSP内置对象在"新闻发布系统"中的运用

本章简介

本章将在学习 JSP 的内置对象 reuqest、response、out、session、application 等用法的基础上，深入学习客户端请求处理，包括超链接访问请求参数处理、表单处理编程模式、页面间数据传递以及中文乱码的解决办法；深入学习客户端请求动态响应，包括页面重定向以及页面定时刷新或延时跳转；深入学习使用 session 会话实现 JSP 页面访问控制及统计在线访问人数。在此基础上，带领大家继续升级"新闻发布系统"的功能。随着学习内容的不断深入，动态"新闻发布系统"的各个发布页面也将逐步开发出来。

本章学习目标

- 掌握 JSP 常用内置对象（out 对象、request 对象、response 对象、session 对象、application 对象）的用法。
- 掌握 Form 表单的请求处理方法及编程模式。
- 掌握使用 reuqest 对象处理客户端请求的方式。
- 掌握 JSP 中文乱码的解决办法。
- 了解 exception、page、pageContext、config 内置对象的作用和用法。
- 掌握使用 session 会话实现 JSP 页面访问控制。
- 掌握页面跳转参数处理方式。

本章任务

继续升级"新闻发布系统"。
- 任务一：实现用户登录功能。
- 任务二：为系统页面增加页面访问控制。
- 任务三：实现新闻栏目的添加功能。
- 任务四：实现新闻内容的添加功能。
- 任务五：完善新闻栏目的查询列表功能——条件检索。
- 任务六：完善新闻内容的查询列表功能——条件检索。

8.1　JSP 内置对象简介

JSP 技术采用 Java 作为脚本语言使得 JSP 可以简单、方便地动态创建 Web 页面内容，具有强大的对象处理能力。内置对象是不需要声明即可在 JSP 页面的脚本部分直接使用的内部对象，主要有 request、response、session、application、out、exception、pageContext、config、page 等 9 个对象，这在很大程度上简化了 JSP 页面的开发。

JSP 内置对象说明如表 8-1 所示。

表 8-1　JSP 内置对象说明

序　号	内 置 对 象	类　　型	作　用　域	功能简要说明
1	request	javax.servlet.http.HttpServletRequest	request	封装 HTTP 请求数据
2	response	javax.servlet.http.HttpServletResponse	response	响应客户端请求、向客户端输出信息
3	session	javax.servlet.http.HttpSession	session	会话，保存用户状态
4	application	javax.servlet.jsp.ServletContext	application	应用程序上下文
5	out	javax.servlet.jsp.JspWriter	page	提供对输出流的访问
6	exception	java.lang.Throwable	page	提供特定异常 JSP 页面的异常数据
7	pageContext	javax.servlet.jsp.PageContext	page	JSP 页面上下文
8	config	javax.servlet.ServletConfig	page	获取服务器的配置信息
9	page	java.lang.Object	page	JSP 页面对应的 Servlet 实例对象

JSP 提供了 4 种属性作用域范围：page、request、session 和 application。在 JSP 中可以通过 setAttribute() 和 getAttribute() 这两个方法来设置和取得属性，从而实现数据的共享。

（1）page：设置的属性只能在当前页面有效。通过 pageContext 的 setAttribute() 和 getAttribute() 方法设定或获取该对象的属性。

（2）request：指属性在一次请求范围内有效。如果页面从一个页面跳转到另一个页面，那么该属性就失效了。这里所指的跳转是指客户端跳转，如客户单击超链接跳转到其他页面或者通过浏览器地址栏浏览其他页面。如果使用服务器端跳转<jsp:forward>或 request 对象的转发方法，则该属性仍然生效。同理使用 request 对象的 setAttribute() 和 getAttribute() 方法设定或获取该对象的属性。

（3）session：指客户浏览器与服务器一次会话范围内，如果服务器断开连接，那么属性就失效了。同理通过 session 对象的 setAttribute() 和 getAttribute() 方法设定或获取该对象的属性。

（4）application：指在整个服务器范围，直到服务器停止以后才会失效。同理通过 application 对象的 setAttribute() 和 getAttribute() 方法设定或获取该对象的属性。application 范围就是保存的属性只要服务器不重启，就能在任意页面中获取，就算重新打开浏览器也是可以获取属性的。

8.1.1　request 对象

request 对象是 JSP 内置对象中最常用的对象之一，该对象封装了由客户端生成的 HTTP 请求以及用户提交的数据信息，通过调用该对象相应的方法可以获取封装的信息，其工作原理图如图 8-1 所示。

图 8-1　request 对象工作原理

　　客户端的请求信息被封装在 request 对象中，通过它能了解到客户的需求，然后作出响应。它是 HttpServletRequest 类的实例。该对象提供了很多功能强大的方法，可以将这些方法分为四大类，即设定和获取属性方法、获取请求参数方法、获取 HTTP 头部信息方法以及其他方法。

　　（1）存储和获取属性的方法如表 8-2 所示。

表 8-2　request 对象存储和获取属性的方法

序　号	方　　法	返回值类型	方　法　说　明
1	getAttribute(String name)	Object	获取 name 的属性值
2	setAttribute(Stringname,Object value)	void	设定 name 属性的值为 value，保存在 request 范围内
3	removeAttribute(String name)	void	移除 name 属性的值

　　（2）获取请求参数的方法如表 8-3 所示。

表 8-3　request 对象获取请求参数的方法

方　　法	返回值类型	方　法　说　明
getParameter(String name)	String	获取参数名为 name 的参数值
getParameterNames()	Enumeration	获取所有参数的名称，可与上一个方法合用获取所有参数的值
getParameterValues(String name)	String[]	获取参数名为 name 的所有参数，比如参数是多个 checkbox
getParameterMap()	Map	获取所有参数封装的 Map 实例

　　（3）获取请求 HTTP 头部信息的方法，如表 8-4 所示。

表 8-4　request 对象获取请求 HTTP 头部信息的方法

方　　法	返回值类型	方　法　说　明
getHeader(String name)	String	获取指定标题名称为 name 的标头
getHeaderName()	Enumeration	获取所有的标头名称
getIntHeader(String name)	int	获取标题名称为 name 的标头，内容以整数类型返回
getDateHeader(String name)	long	获取标题名称为 name 的标头，内容以日期类型返回
getCookies()	Cookie	获取相关的 Cookie

　　（4）其他方法如表 8-5 所示。

表 8-5　request 对象其他方法

方　　法	返回值类型	方　法　说　明
getContextPath()	String	获取 Context 的路径
getMethod()	String	获取客户端的提交方式
getProtocol()	String	获取使用的 HTTP
getQueryString()	String	获取请求的字符串
getRequestSessionId()	String	获取客户端的 Session ID
getRequestURI()	String	获取请求的 URI
getRemoteAddr()	String	获取客户端 IP 地址

request 对象的具体使用方法可以参照 8.2 节。

8.1.2 response 对象

response 对象可以理解为对客户端的请求作出动态响应，与 request 对象相对应，其工作原理如图 8-2 所示。

图 8-2 response 对象工作原理

它封装了所有返回 HTTP 客户端的输出，然后被发送到客户端以响应客户的请求，是 javax.servlet.http.HttpServletResponse 类的实例。但由于其组织形式比较底层，不建议使用此对象响应输出，一般使用 out 对象（在后面将进行介绍）。

response 对象常用方法如表 8-6 所示。

表 8-6 response 对象常用方法

方 法	返回值类型	方 法 说 明
getCharacterEncoding()	String	获取响应的字符编码类型
setContentType(String type)	void	设置响应的 MIME 类型
sendRedirect(java.lang.String location)	void	重新定向客户端的请求
addCookie(Cookie)	void	在客户端添加一个 Cookie，用来保存客户端的信息
setHeader(String name,String value)	void	设置 HTTP 文件头信息

response 对象的应用如下。

1）定时刷新：response.setHeader("refresh","seconds")；几秒刷新一次。

2）定时跳转：response.setHeader("refresh","2;URL=hello.jsp")；2 秒后跳转到 hello.jsp。

3）直接跳转：response.sendRedirect("hello.jsp")。

4）操纵 Cookie：将用户的信息保存为一个 Cookie，存储在客户端，每次 request 时，都会把 Cookie 发送到服务器端。使用 response 对象添加 Cookie 方式，要将封装好的 Cookie 对象传送到客户端，使用 response 的 addCookie()方法 response.addCookie(Cookie e)。

常用方法如下。

1）Cookie c = new Cookie("name","value")：创建一个新 Cookie。

2）c.setMaxAge(int seconds)：设置 Cookie 最长寿命，因为原本 Cookie 保存在浏览器中，如果浏览器关闭，则 Cookie 丢失。

3）c.getName()：获得名字。

4）c.getValue()：获得值。

由于使用 Cookie 对象保存用户信息存在着很多不安全的因素，因此 Cookie 在很多客户端、浏览器都被禁用了。建议尽量不要使用 Cookie 对象保存用户信息。

8.1.3　out 对象

out 对象是 javax.servlet.jsp.JspWriter 类的实例，是向客户端输出内容常用的对象，常用来向客户端输出数据。这个对象是在 JSP 开发过程中使用最为频繁的对象。

一般情况下，out 对象向浏览器输出的内容都是文本型的，可以用 out 对象直接编程生成一个动态的 HTML 文件并发送给浏览器显示。

如果要在网上实现换行，必须使用 HTML 标签
，这时使用 print()方法输出
换行符即可。

out 对象其他常用方法如下：

1）void clear()清除缓冲区的内容。

2）void clearBuffer()清除缓冲区的当前内容。

3）void flush()清空流。

4）int getBufferSize()返回缓冲区字节数的大小，如不设缓冲区则为 0。

5）int getRemaining()返回缓冲区剩余的可用字节数。

6）boolean isAutoFlush()返回缓冲区满时，是自动清空还是抛出异常。

7）void close()关闭输出流。

在 ch08_1 文件夹下创建一个 JSP 页面"out.jsp"，代码如下：

```
1.   <%@ page language="java" import="java.util.*" pageEncoding="gbk"
     contentType="text/html;charset=GB2312" %>
2.   <!DOCTYPE HTML PUBLIC "-//W3C//DTD HTML 4.01 Transitional//EN">
3.   <html>
4.       <head>
5.           <title>My JSP 'out.jsp' starting page</title>
6.       </head>
7.       <body>
8.           <%
9.               Date Now = new Date();
10.              String hours = String.valueOf(Now.getHours());
11.              String mins = String.valueOf(Now.getMinutes());
12.              String secs = String.valueOf(Now.getSeconds());
13.          %>
14.          现在是
15.          <%
16.              out.print(String.valueOf(Now.getHours()));
17.          %>
18.          时
19.          <%
20.              out.print(String.valueOf(Now.getMinutes()));
21.          %>
22.          分
23.          <%
24.              out.print(String.valueOf(Now.getSeconds()));
25.          %>
```

```
26.              秒
27.        </BODY>
28.  </HTML>
```

注意黑体加粗部分的代码，尤其是第一行中的代码 "**contentType="text/html;charset= GB2312"**"。当页面出现中文乱码时，可以尝试添加这个属性。

运行结果如图 8-3 所示。

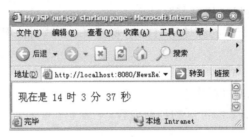

图 8-3　使用 out 对象的输出结果

8.1.4　session 对象

就 Web 开发来说，一个会话就是用户通过浏览器与服务器之间进行的一次通话，它包含浏览器与服务器之间的多次请求和响应过程。图 8-4 所示为一次会话过程。

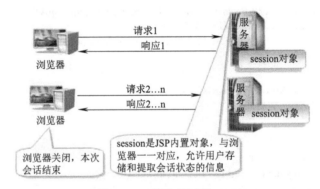

图 8-4　一次会话过程

如图 8-4 所示，从一个客户打开浏览器并连接到服务器开始，到客户关闭浏览器离开这个服务器结束，称为一个会话。当一个客户访问一个服务器时，可能会在这个服务器的几个页面之间反复连接，反复刷新一个页面，服务器应当通过某种办法知道这是同一个客户，这就需要 session 对象。

当一个客户首次访问服务器上的一个 JSP 页面时，JSP 引擎产生一个 session 对象，同时分配一个 String 类型的 Id 号，这个 Id 就是 session 对象的 Id，JSP 引擎同时将这个 Id 号发送到客户端，这样 session 对象和客户之间就建立了一一对应的关系。当客户再访问连接该服务器的其他页面时，不再分配给客户新的 session 对象，直到客户关闭浏览器后，服务器端该客户的 session 对象才取消，并且和客户的会话对应关系消失。当客户重新打开浏览器再连接到该服务器时，服务器为该客户再创建一个新的 session 对象。

session 对象是 HttpSession 类的实例。session 对象常用方法如表 8-7 所示。

表 8-7　session 对象常用方法

方　　　法	返　回　值	方　法　说　明
getId()	String	获取 session 的 Id
getCreationTime()	long	获取 session 的生成时间
getLashAccessedTime()	long	获取用户最后通过 session 发送请求的时间
getMaxInactiveInterval()	long	获取 session 生命周期，如果超过这个时间则失效
invalidate()	void	清空 session 内容
isNew()	boolean	判断 session 是否为"新"的
setMaxInactiveInterval()	void	设置 session 生命周期，如果超过这个时间则失效
setAttribute(String n,Object o)	void	将参数 o 对象添加到 session 中，并指定索引名字，若名字有重名则原有值被覆盖
getAttribute(String name)	Object	获取 session 对象中 name 索引名的值
removeAtrribute(String nam)	void	移除 session 范围内索引名为"nam"的变量

session 对象是 JSP 中最重要的内置对象，尤其是对页面的访问控制有着重要的应用。

8.1.5　application 对象

application 对象实现了用户间数据的共享，可存放全局变量。它开始于服务器的启动，直到服务器的关闭，在此期间该对象将一直存在，这样在用户的前后连接或不同用户之间的连接中，可以对该对象的同一属性进行操作。在任何地方对该对象属性的操作，都将影响到其他用户对此的访问。服务器的启动和关闭决定了 application 对象的生命，它是 ServletContext 类的实例。

application 对象的常用方法如下：

1）Object getAttribute(String name)返回给定名的属性值。

2）Enumeration getAttribute Names()返回所有可用属性名的枚举。

3）void setAttribute(String name,Object obj)设定属性的属性值。

4）void removeAttribute(String name)删除一属性及其属性值。

5）String getServerInfo()返回 JSP(SERVLET)引擎名及版本号。

6）String getRealPath(String path)返回一虚拟路径的真实路径。

7）ServletContext getContext (String uripath)返回指定 WebApplication 的 application 对象。

8）int getMajorVersion()返回服务器支持的 ServletAPI 的最大版本号。

9）int getMinorVersion()返回服务器支持的 ServletAPI 的最大版本号。

10）String getMimeType(String file)返回指定文件的 MIME 类型。

11）URL getResource(String path)返回指定资源（文件及目录）的 URL 路径。

12）InputStream getResourceAsStream(String path)返回指定资源的输入流。

13）RequestDispatcher getRequestDispatcher(String uripath)返回指定资源的 RequestDispatcher 对象。

14）Servlet getServlet(String name) 返回指定名的 Servlet。

15）Enumeration getServlets() 返回所有 Servlet 的枚举。

16）Enumeration getServletNames() 返回所有 Servlet 名的枚举。

17）void log(String msg) 把指定消息写入 Servlet 的日志文件。

18）void log(Exception exception,String msg) 把指定异常的栈轨迹及错误消息写入 Servlet

的日志文件。

19）void log(String msg,Throwable throwable) 把栈轨迹及给出的 Throwable 异常的说明信息写入 Servlet 的日志文件。

application 的具体用法请读者参考 8.5 节。

8.2　使用 request 对象处理客户端请求

处理客户端请求是与用户进行信息交互的基础，对构建动态网页非常重要。下面为大家介绍采用 request 对象处理客户端请求的方法。

8.2.1　超链接访问请求参数处理

在构建 Web 应用程序的界面时，要通过超链接的形式进行页面之间的跳转，这时有可能还需要传递参数。那么如何通过超链接来传递参数、又如何在第二个页面获取这个参数呢？

例如，通过发送一个请求到"index.jsp"页面，并传递一个名称为 id 的参数，可以通过下面的超链接代码来实现：

```
<a href = " index.jsp?id=123"> Go </a>
```

上述代码通过问号"？"来传递参数，可以同时传递多个参数，这时各参数之间使用"&"符号进行连接。不管参数值是任何类型的数值，都不需要使用单引号或双引号括起来，除非单引号或双引号本身也作为参数值的一部分。

在 index.jsp 页面，可以通过 request 对象的 getParameter()方法来获取传递的参数值，具体做法如下：

```
<%
    String id = request.getParameter("id");
    out.print(id);
%>
```

【知识点拓展练习】：

（1）创建一个 param.jsp 的页面，在这个页面中使用超链接为页面 deal.jsp 传递 3 个参数（即 sno、name 和 age），将自己的学号、姓名和年龄传递过去。

（2）创建 deal.jsp 页面，使用 request 对象接收 3 个参数，并在页面中显示出来。

8.2.2　表单请求处理

Web 开发中表单（Form）元素是处理用户提交信息时使用最频繁的。

1．表单处理的编程模式

图 8-5 所示是邮箱的登录界面。登录邮箱时会要求输入邮箱地址、密码等信息，提交后邮箱系统会判断该用户是否存在，如果存在再检测密码是否正确。大家在使用邮箱的过程中有没有想过这样一个问题：邮箱系统是如何获取我们在文本框中输入的数据的呢？

图 8-5　邮箱登录界面

这个问题肯定难不倒大家，大家在 HTML 中肯定学习了表单处理。在动态网页开发中，HTML 表单是与用户进行信息交互的主要手段。下面来讲解使用 JSP 处理上述表单请求的一般编程模式，如图 8-6 所示。

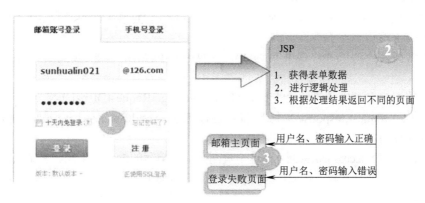

图 8-6　表单处理编程模式

首先，用户通过表单控件输入用户相关信息并提交。

其次，JSP 页面获取用户提交的表单数据，使用这些数据进行逻辑处理。

最后，JSP 页面根据处理结果的不同，转向不同的结果页面。

用户首先输入邮箱地址和密码，然后单击"登录"按钮，此时这些用户信息会被发送到后台某个页面中去。这个页面首先获取表单数据，然后进行一些逻辑处理（某些功能的实现等），系统根据处理的结果将当前页面跳转到不同的页面。

2．表单请求处理应用案例

【步骤】：

（1）在"ch08_1"文件夹中创建一个页面"requestTest.jsp"，在这个页面中添加一个 form，在 form 表单中添加两个文本框和一个提交按钮，主要代码如下所示：

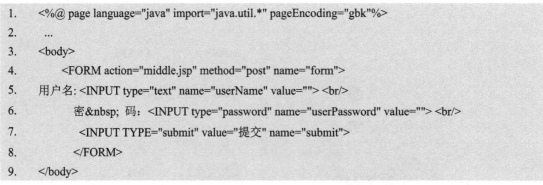

```
1.    <%@ page language="java" import="java.util.*" pageEncoding="gbk"%>
2.    ...
3.    <body>
4.        <FORM action="middle.jsp" method="post" name="form">
5.    用户名: <INPUT type="text" name="userName" value=""> <br/>
6.        密  码：<INPUT type="password" name="userPassword" value=""> <br/>
7.         <INPUT TYPE="submit" value="提交" name="submit">
8.        </FORM>
9.    </body>
```

当单击"提交"按钮后，页面将被提交到"middle.jsp"这个中间页面。

（2）创建"middle.jsp"页面。这个页面不提供任何显示功能，仅仅作为一个中间页面，用来接收 form 表单的信息以及进行逻辑操作，即根据用户输入的信息的不同跳转到不同的页面，这可以使用 request 对象下的 getRequestDispatcher()方法实现，主要代码如下所示：

```
1.    <%@page language="java" contentType="text/html;charset=gbk" %>
2.    <%
3.    //获取表单元素
4.    String username = request.getParameter("userName");
5.    String userpassword = request.getParameter("userPassword");
6.    if(username !="" && userpassword != "")
7.      request.getRequestDispatcher("resultSuccess.jsp").forward(request,response);
8.      else
9.       request.getRequestDispatcher("resultError.jsp").forward(request,response);
10.   %>
```

当输入的用户名和密码都不为空时，使用 request.getRequestDispatcher（"resultSuccess.jsp"）.forward（request,response）将当前页面跳转到 resultSuccess.jsp 页面，否则跳转到 resultError.jsp 页面。

（3）创建 resultSuccess.jsp 页面，在这个页面中输出填写的姓名和密码。主要代码如下所示：

```
1.    <%@ page language="java" import="java.util.*" pageEncoding="gbk"%>
2.      <body>
3.       your name is :<%=request.getParameter("userName") %><br/>
4.       your password is :<%=request.getParameter("userPassword") %>
5.      </body>
```

运行界面如图 8-7 所示。

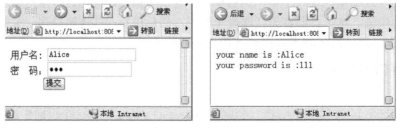

图 8-7　运行界面

8.2.3　使用 request 对象处理页面间数据传递

当使用服务器端跳转<jsp:forward>或 request 对象的转发方法 getRequestDispatcher 进行页面之间的跳转的时候，可以通过使用 request 对象来进行页面间的数据传递。此时在第二个页面可以使用 request 对象获取第一个页面中保存的数值。

（1）创建 requestDataTransfer1.jsp 页面，代码如下所示：

```
1.   <%@ page language="java" import="java.util.*" pageEncoding="GBK"%>
2.   <!DOCTYPE HTML PUBLIC "-//W3C//DTD HTML 4.01 Transitional//EN">
3.   <body>
4.       <%
5.         String a = "123";
6.         request.setAttribute("result",a);
7.         request.getRequestDispatcher("requestDataTrasfer2.jsp").forward(request,response);
8.       %>
9.   </body>
```

第 6 行使用 request 对象的 setAttribute()方法将变量 a 的数值存入 request 对象作用域下的 result 标识中。关于 request 作用域请读者参考 8.1 节。

（2）创建 requestDataTransfer2.jsp 页面，在这个页面中获取 request 作用域下的 result 变量标识，代码如下所示。

```
1.   <%@ page language="java" import="java.util.*" pageEncoding="GBK"%>
2.     <body>
3.     <%String message = (String)request.getAttribute("result"); %>
4.         在requestDataTransfer1页面中采用request对象保存的信息 result值为 ： <%=message%> <br>
5.     </body>
```

运行界面如图 8-8 所示。

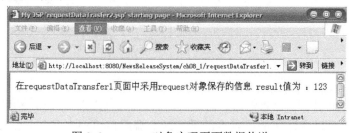

图 8-8　request 对象实现页面数据传递

8.2.4　解决中文乱码问题

在使用 JSP 技术进行 Web 开发时，中文乱码问题困扰着很多刚入门的开发者们。下面为读者总结出了 3 种中文乱码问题的解决方式。

1. JSP 页面显示乱码问题

在编辑 JSP 页面的过程中，当页面中出现了中文字符后，在单击"保存"按钮保存页面时，会出现如图 8-9 所示的错误。

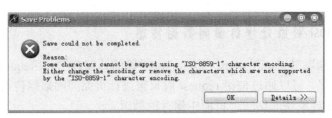

图 8-9　JSP 页面乱码

2．页面间参数传递乱码问题

当使用超链接进行传值时，如果访问请求参数值有中文，通过 request 获取参数值时，可能会出现乱码现象。出现这种现象的原因是，请求参数采用的默认编码方式是 ISO-8859-1 编码方式，这种方式不支持中文。因此只有将获取到的数据通过 String 的构造方法使用 UTF-8 或者 GBK 编码重新构造一个 String 对象，才可以正确地显示出中文。

例如，下面的超链接传递一个 name 参数，其值为"小花猫"，代码如下：

```
<a  href = " index.jsp?name=小花猫">  提交</a>
```

在 index.jsp 页面中，通过如下代码将编码方式改为 GBK 方式即可解决参数乱码问题。

```
<%
  String username =
                    new String(request.getParameter("name").getBytes("iso-8859-1"),"GBK");
%>
```

3．表单提交的中文乱码问题

在通过表单提交信息时，通过 request 对象获取到的中文也有可能会出现乱码。在页面中输入中文值，如图 8-10 所示。

当单击"提交"按钮后，出现了中文乱码现象，如图 8-11 所示。

图 8-10　中文参数传递

图 8-11　表单提交乱码现象

这种乱码现象可以通过在 page 指令的下方加上调用 request 对象的 setCharacterEncording() 方法将编码设置为 UTF-8 或 GBK 来获得解决。

例如上述乱码案例中，在获取中文信息用户名文本框（name 的属性为 userName）的值时，可以在获取全部表单信息前加上如下代码：

```
<%
  request.SetCharacterEncording("GBK");
%>
```

然后，再使用 request 对象的 getParameter()方法获取表单元素的值。重新编译运行，结果乱码还没解决。这到底是怎么回事呢？

原来，在 middle.jsp 页面中通过 request 对象先获取了 form 表单元素的值，然后才根据处理结果将页面跳转到 resultSuccess.jsp 页面。在 resultSuccess.jsp 页面才将信息显示在页面上。而使用 request 对象设置字符编码方式的代码"request.setCharacterEncoding("GBK");"是写在 resultSuccess.jsp 页面中的。这就使得这句话不起作用了。因为，在一个 request 作用范围内，调用 request 对象的 setCharacherEncording()方法的语句，必须且一定要在页面中没有调用任何 request 对象的方法时才能使用（在 middle.jsp 页面中使用了 request 对象的方法），否则该语句将不起作用。只要将原来设置在 requestSuccess.jsp 页面中的代码"request.setCharacterEncoding("GBK")"移植到 middle.jsp 页面中（切记必须在获取全部表单信息前），就不会产生中文乱码了，如图 8-12 所示。

图 8-12　中文乱码处理结果

8.2.5　其他常用方法举例

request 对象还有很多其他常用方法，如 getProtocol()、getServletPath()、getContentLength()、getMethod()、getRemoteAddr()、getRemoteHost()、getServerName()、getParameterName()。请读者仔细阅读下述代码。

```
1.    <%@ page contentType="text/html;charset=GB2312" %>
2.    <%@ page import="java.util.*" %>
3.    <HTML>
4.    <BODY bgcolor=gray>
5.    <Font size=5>
6.    <BR>客户使用的协议是：
7.      <% String protocol=request.getProtocol();
8.          out.println(protocol);
9.      %>
10.   <BR>接受客户提交信息的页面：
11.     <% String path=request.getServletPath();
12.         out.println(path);
13.     %>
14.   <BR>接受客户提交信息的长度：
15.     <% int length=request.getContentLength();
16.         out.println(length);
17.     %>
18.   <BR>客户提交信息的方式：
```

```jsp
19.      <% String method=request.getMethod();
20.          out.println(method);
21.      %>
22. <BR>获取 HTTP 头文件中 User-Agent 的值：
23.      <% String header1=request.getHeader("User-Agent");
24.          out.println(header1);
25. %>
26. <BR>获取 HTTP 头文件中 accept 的值：
27.      <% String header2=request.getHeader("accept");
28.          out.println(header2);
29.      %>
30. <BR>获取 HTTP 头文件中 Host 的值：
31.      <% String header3=request.getHeader("Host");
32.          out.println(header3);
33.      %>
34. <BR>获取 HTTP 头文件中 accept-encoding 的值：
35.      <% String header4=request.getHeader("accept-encoding");
36.          out.println(header4);
37.      %>
38. <BR>获取客户的 IP 地址：
39.      <% String   IP=request.getRemoteAddr();
40.          out.println(IP);
41.      %>
42. <BR>获取客户机的名称：
43.      <% String clientName=request.getRemoteHost();
44.          out.println(clientName);
45.      %>
46. <BR>获取服务器的名称：
47.      <% String serverName=request.getServerName();
48.          out.println(serverName);
49.      %>
50. <BR>获取服务器的端口号：
51.      <% int serverPort=request.getServerPort();
52.          out.println(serverPort);
53.      %>
54. <BR>获取客户端提交的所有参数的名字：
55.      <% Enumeration enum=request.getParameterNames();
56.          while(enum.hasMoreElements())
57.              {String s=(String)enum.nextElement();
58.               out.println(s);
59.              }
```

```
60.        %>
61.    <BR>获取头名字的一个枚举：
62.      <% Enumeration enum_headed=request.getHeaderNames();
63.        while(enum_headed.hasMoreElements())
64.              {String s=(String)enum_headed.nextElement();
65.               out.println(s);
66.              }
67.      %>
68.    <BR>获取头文件中指定头名字的全部值的一个枚举：
69.      <% Enumeration enum_headedValues=request.getHeaders("cookie");
70.        while(enum_headedValues.hasMoreElements())
71.              {String s=(String)enum_headedValues.nextElement();
72.               out.println(s);
73.              }
74.      %>
75.    <BR>
76.    </Font>
77.    </BODY>
78.    </HTML>
```

运行效果如图 8-13 所示。

图 8-13　request 对象其他方法运行效果图

8.3　response 客户端请求动态响应

response 对象用于响应客户端请求，向客户端输出信息。它封装了 JSP 产生的响应，并

143

发送到客户端以响应客户端的要求。请求的数据可以是各种各样的数据类型，甚至是文件。通过 response 对象可以设置 HTTP 响应报头，其中最常用的是设置响应的内容类型、禁用缓存、设置页面自动刷新和定时跳转页面等。

8.3.1 动态响应客户端请求

当一个用户访问一个 JSP 页面时，如果该页面用 page 指令设置页面的 contentType 属性是 text/html，那么 JSP 引擎将按照这种属性值作出反映。如果要动态改变这个属性值来响应客户，则需要使用 response 对象的 setContentType(String s)方法来改变 contentType 的属性值。

格式：response.setContentType(String s)

参数 s 可取 text/html、application/x-msexcel、application/msword 等。

下述代码可以将当前页面（responseContentType.jsp）保存为 Word 文档：

```
1.    <%@ page language="java" import="java.util.*" pageEncoding="GBK"
      contentType="text/html;charset=gbk" %>
2.    <!DOCTYPE HTML PUBLIC "-//W3C//DTD HTML 4.01 Transitional//EN">
3.    <html>
4.      <head>
5.      </head>
6.      <body>
7.        <%
8.        request.setCharacterEncoding("gbk");
9.        String str=request.getParameter("tj");
10.       if(str==null)
11.       {
12.           str="";
13.       }
14.       if(str.equals("tj"))
15.       {
16.           response.setContentType("application/msword;charset=GB2312");
17.       }
18.    %>
19.    <Font size=5 >
20.              如果你想将当前页面保存为Word文档，那就单击"提交"按钮试试吧。<br/>
21.    </FONT>
22.      <form action="" name="form1" method="get">
23.         <INPUT TYPE="submit" value="tj" name="tj">
24.      </form>
25.      </body>
26.    </html>
```

运行界面如图 8-14 所示。

若单击"tj"按钮，则会出现如图 8-15 所示的界面。

图 8-14　设置响应类型

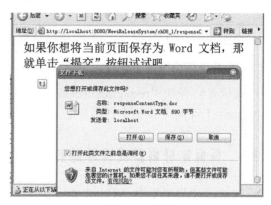

图 8-15　保存

8.3.2　页面重定向

在响应客户端请求时，有时需要将页面重新定向到另一个页面，可以采用 response 对象中的 sendRedirect(url)方法来实现，其中 URL 是目标路径。

下述案例就是采用 response 进行页面的重定向的案例。如果在页面 responseTest.jsp 中输入的用户名和密码都是"sa"，则直接将页面重定向到 responseSuccess.jsp 页面。

在"ch08_1"文件夹下创建页面"responseTest.jsp"，代码如下所示：

```
1.   <%@ page language="java" import="java.util.*" pageEncoding="GBK" %>
2.   <!DOCTYPE HTML PUBLIC "-//W3C//DTD HTML 4.01 Transitional//EN">
3.   <html>
4.     <head>
5.       <title></title>
6.     </head>
7.     <body>
8.       <FORM action="" method="post" name="form">
9.           用户名: <INPUT type="text" name="userName" value=""> <br/>
10.          密  码: <INPUT type="password" name="userPassword" value=""> <br/>
11.          <INPUT TYPE="submit" value="提交" name="submit">
12.      </FORM>
13.  <%
14.      String name = request.getParameter("userName");
15.      String pw = request.getParameter("userPassword");
16.      if(name.equals("sa") && pw.equals("sa"))
17.      {
18.          response.sendRedirect("responseSuccess.jsp");
19.      }
20.  %>
```

21.   </body>

22.   </html>

当输入正确的"sa"后，页面将跳转到"responseSuccess.jsp"页面，显示"欢迎光临"。

【知识点拓展练习】：

请读者自行在"responseSuccess.jsp"页面采用 request 对象的 getParameter()方法获取"responseTest.jsp"页面中的用户名并将其显示在页面上。

8.3.3 页面定时刷新或延时跳转

在 Web 项目开发中，可以通过 response 对象设置 HTTP 的头信息来实现页面的自动刷新效果。

response 对象实现页面的自动刷新，只需要在需要自动刷新的 JSP 页面中加上如下代码：

```
<% response.addIntHeader("refresh","5"); %>
```

或

```
<%response.setHeader("refresh","5")%>
```

第一行代码是使用 response 对象的 setIntHeader 设置属性 refresh 的值（单位为秒）来实现页面自动刷新，而第二行是使用 setHeader 来设置 refresh 来实现页面的自动刷新。

另外，还可以通过设置 HTTP 头信息实现页面的定时跳转功能。

实现页面自动跳转功能，可以通过 response 对象的 setHeader()方法添加一个标题为 refresh 的标头，并制定页面跳转时间及跳转页面，从而实现页面自动跳转。代码如下所示：

```
<% response.setHeader("Refresh","10;URL=http://www.czimt.edu.cn"); %>
```

上述代码使用 setHeader 方法添加一个标题为"refresh"、值为"10,URL=http://www.czimt.edu.cn"的标头。

【知识点拓展练习】：

请读者自行上机实现上述页面定时刷新及延时跳转的功能。

8.4 使用 session 会话实现 JSP 页面访问控制

8.4.1 访问控制流程

图 8-16 和图 8-17 展示了对系统进行访问控制的两种情况。

图 8-16 访问控制流程（一）

图 8-17　访问控制流程（二）

在图 8-16 中，用户通过登录页面登录网站，如果该用户是已注册用户，则系统会保存该用户的登录信息，并让用户进入其欲访问的页面。在图 8-17 中，用户直接访问网站的某个页面，系统会查询是否保存了该用户登录该网站的登录信息，如果有，则允许用户进入该页面查看该页面的内容；如果没有则强制进入登录页面，要求用户先登录系统。

这个流程非常容易理解，但问题在于：系统如何保存不同用户的登录信息呢？

JSP 专门为软件开发者提供了一套会话跟踪机制，该机制可以维持每个用户的会话信息，也就是 8.1.4 节提到的 session 内置对象。

使用 session 会话跟踪，软件开发者可以为不同的用户保存不同的数据。

8.4.2　访问控制的实现

首先在 8.2 节的"表单请求处理应用案例"中的"requestTest.jsp"页面中输入用户名和密码，如果验证成功，则进入"resultSuccess.jsp"页面；否则，进入"resultError.jsp"页面。

如果在浏览器中直接输入"resultSuccess.jsp"页面的访问地址 http://localhost:8080/NewsRelease System/ch08_1/ resultSuccess.jsp，会进入 resultSuccess.jsp 页面，如图 8-18 所示。

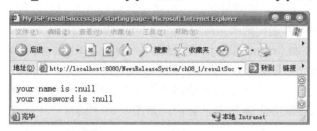

图 8-18　页面访问控制（一）

使用 session 会话跟踪用户来实现页面访问控制的方法和步骤如下。

（1）修改"middle.jsp"页面的代码如下：

```
1.    <%@page language="java" contentType="text/html;charset=gbk" %>
2.    <%
3.      request.setCharacterEncoding("gbk");
4.      //获取表单元素
5.      String username = request.getParameter("userName");
6.      String userpassword = request.getParameter("userPassword");
7.      if(username !="" && userpassword != "")
8.      {
9.        session.setAttribute("loginUserName",username);
10.       request.getRequestDispatcher("resultSuccess.jsp").forward(request,response);
11.     }
12.     else
13.       request.getRequestDispatcher("resultError.jsp").forward(request,response);
14.   %>
```

　　请注意上述代码第 9 行，使用 session 对象中的 setAttribute()方法将登录用户的姓名保存在 session 范围内的"loginUserName"变量中，这个变量仅仅在 session 范围内有效。关于 session 作用范围，请读者参照 8.1 节。

　　（2）修改"resultSuccess.jsp"页面的代码如下：

```
1.   <%@ page language="java" import="java.util.*" pageEncoding="gbk" %>
2.   <!DOCTYPE HTML PUBLIC "-//W3C//DTD HTML 4.01 Transitional//EN">
3.   <html>
4.     <head>
5.       <title>My JSP 'resultSuccess.jsp' starting page</title>
6.     </head>
7.     <body>
8.     <%
9.        String loginUserName = (String)session.getAttribute("loginUserName");
10.       if(loginUserName =="" || loginUserName == null)
11.       request.getRequestDispatcher("requestTest.jsp").forward(request,response);
12.     %>
13.     <%request.setCharacterEncoding("gbk"); %>
14.       your name is :<%=request.getParameter("userName") %><br/>
15.       your password is :<%=request.getParameter("userPassword") %>
16.     </body>
17.  </html>
```

　　请读者注意第 8～12 行的代码。首先使用 session 对象的 getAttribute()方法获取 session 对象中的"loginUserName"变量，该变量名必须和存入到 session 中的变量名一致，包括大小写。获取到当前用户后，使用 if 语句判断当前用户是否为空，如果为空，则采用页面转发技术将当前页面强制跳转到登录界面"requestTest.jsp"，强制用户登录。如果登录成功，则存放在 session 对象中的"loginUserName"变量的值不为空，此时就允许用户进入"resultSuccess.jsp"页面。

　　当用户企图绕过登录界面直接在浏览器的地址栏中输入"resultSuccess.jsp"页面的请求地址时，系统将进入登录界面强制用户登录，如图 8-19 所示。

图 8-19　页面访问控制（二）

8.5　使用 application 对象统计在线访问人数

　　通过前面章节的案例介绍，读者应该明白 session 对象只在当前客户的会话范围内有效，当超过保存时间（session 对象有有效期），session 对象就被回收。与 session 对象不同，application 对象在整个应用区域中都有效。因此可以使用 application 对象来统计当前系统在线人数，代码如下所示：

```
1.   <%@ page language="java" import="java.util.*" pageEncoding="GBK"%>
2.   <HTML>
```

```
3.          <HEAD>
4.              <TITLE>application变量的使用</TITLE>
5.          </HEAD>
6.          <BODY>
7.              <CENTER>
8.                  <FONT SIZE=5 COLOR=blue>application变量的使用</FONT>
9.              </CENTER>
10.             <HR>
11.             <P></P>
12.             <%
13.                 Object obj = null;
14.                 String strNum = (String) application.getAttribute("Num");
15.                 int Num = 1;
16.                 //检查Num变量是否可取得
17.                 if (strNum != null)
18.                     Num = Integer.parseInt(strNum) + 1; //将取得的值增加1
19.                 application.setAttribute("Num", String.valueOf(Num)); //起始Num变量值
20.             %>
21.             当前在线人数是：
22.             <Font color=red><%=Num%>人</Font>
23.             <BR>
24.         </BODY>
25.     </HTML>
```

运行结果如图 8-20 所示。

图 8-20　当前在线人数

8.6　使用 JSP 内置对象继续升级"新闻发布系统"

8.6.1　开发任务

继续升级"新闻发布系统"。

任务一：实现用户登录功能。

任务二：为系统页面增加页面访问控制。

任务三：实现新闻栏目的添加功能。

任务四：实现新闻内容的添加功能。

任务五：完善新闻栏目的查询列表功能——条件检索。

任务六：完善新闻内容的查询列表功能——条件检索。

训练技能点：

1）会使用 Form 表单的请求处理。

2）会使用 reuqest 对象处理客户端请求。

3）能解决 JSP 中文乱码问题。

4）会使用 session 会话实现 JSP 页面访问控制。

5）能处理页面跳转参数传递问题。

8.6.2　具体实现

准备阶段：

（1）创建"ch08"包，将"ch07"包下的所有内容复制一份到"ch08"下。

（2）将复制过来的类中的所有引用包"ch07"修改为引用"ch08"包。

（3）在"webroot"下创建"ch08"文件夹，将"ch07"文件夹下的所有内容复制一份到"ch08"文件夹下。

（4）将"ch08"文件夹下的页面"NewsContentList.jsp"页面打开，将页面中使用"import"导入的包全部改为"ch08"包下的资源引用，代码如下所示：

```
1.    <%@ page language="java" import="java.util.*" pageEncoding="GBK"%>
2.    <%@page import ="czmec.cn.news.ch08.Dao.*,czmec.cn.news.ch08.Dao.DaoImpl.*"    %>
3.    <%@page import="czmec.cn.news.ch08.Entity.*" %>
```

（5）同理，将其他页面中的资源引用也按照上述办法进行修改。

下面进行"新闻发布系统"的升级改造。

任务一：实现用户登录功能

【步骤】：

（1）在 Src 下的包"czmec.cn.news.ch08.Entity"下，创建一个实体类 UserInfo.java。该实体类专门用来封装用户信息，包括用户 ID（userID）、用户名（userRealName）、性别（sex）、出生日期（birth）、地址（finalAddress）、Email、电话（tel）、系统登录账号（userLoginName）、密码（userPassword）、注册日期（regDate）、是否是管理员（flag）以及是否审核（confirm1）。代码如下所示：

```
1.    package czmec.cn.news.ch08.Entity;
2.    public class UserInfo {
3.        private int userID;//用户ID
4.        private String userRealName;//用户名
5.        private String sex;//性别
6.        private String birth;//出生日期
7.        private String finalAddress;//地址
```

```
8.          private String Email;//Email
9.          private String tel;//电话
10.         private String userLoginName;//系统登录账号
11.         private String userPassword;//密码
12.         private String regDate;//注册日期
13.         private String flag;//是否是管理员
14.         private String confirm1;//是否审核
15.         public int getUserID() {
16.             return userID;
17.         }
18.         public void setUserID(int userID) {
19.             this.userID = userID;
20.         }
21.         public String getUserRealName() {
22.             return userRealName;
23.         }
24.         public void setUserRealName(String userRealName) {
25.             this.userRealName = userRealName;
26.         }
27.         public String getSex() {
28.             return sex;
29.         }
30.         public void setSex(String sex) {
31.             this.sex = sex;
32.         }
33.         public String getBirth() {
34.             return birth;
35.         }
36.         public void setBirth(String birth) {
37.             this.birth = birth;
38.         }
39.         public String getFimallyAddress() {
40.             return final Address;
41.         }
42.         public void setfinal Address(String final Address) {
43.             this.final Address = final Address;
44.         }
45.         public String getEmail() {
46.             return Email;
47.         }
```

```
48.        public void setEmail(String email) {
49.            Email = email;
50.        }
51.        public String getTel() {
52.            return tel;
53.        }
54.        public void setTel(String tel) {
55.            this.tel = tel;
56.        }
57.        public String getUserLoginName() {
58.            return userLoginName;
59.        }
60.        public void setUserLoginName(String userLoginName) {
61.            this.userLoginName = userLoginName;
62.        }
63.        public String getUserPassword() {
64.            return userPassword;
65.        }
66.        public void setUserPassword(String userPassword) {
67.            this.userPassword = userPassword;
68.        }
69.        public String getRegDate() {
70.            return regDate;
71.        }
72.        public void setRegDate(String regDate) {
73.            this.regDate = regDate;
74.        }
75.        public String getflag() {
76.            return flag;
77.        }
78.        public void setflag(String flag) {
79.            this.flag = flag;
80.        }
81.        public String getConfirm1() {
82.            return confirm1;
83.        }
84.        public void setConfirm1(String confirm1) {
85.            this.confirm1 = confirm1;
86.        }
87.    }
```

（2）在"ch08.Dao"包下创建用户数据访问接口 UserDao，创建过程可参照第 5 章中 UserDao 接口的创建过程。在 UserDao 接口中分别定义用户注册 insertNewsUser()、用户删除 deleteUser()、密码修改 updateUserPassword()、用户信息修改 editUserInfo()以及用户登录 userLogin()等 5 个方法，部分代码如下所示：

```
1.  import czmec.cn.news.ch08.Entity.UserInfo;
2.  public interface UserDao {
3.
4.      /**
5.       * 用户注册
6.       * @param user 用户对象
7.       * @return int 大于0，注册成功；等于0，注册失败
8.       */
9.      public int   insertNewsUser(UserInfo user);
10.     /**
11.      * 用户删除
12.      * @param user 用户对象
13.      * @return int 大于0，删除成功；等于0，删除失败
14.      */
15.     public int deleteUser(UserInfo user);
16.     /**
17.      * 用户密码更改
18.      * @param user
19.      * @return大于0，修改成功；等于0，修改失败
20.      */
21.     public int updateUserPassword(UserInfo user);
22.     /**
23.      * 用户登录验证
24.      * @param user
25.      * @returnture，成功；false，失败
26.      */
27.     public UserInfo userLogin(UserInfo user);
28.     /**
29.      * 用户信息更新
30.      * @param user
31.      * @return 直接返回登录用户对象
32.      */
33.     public int editUserInfo(UserInfo user);
34. }
```

（3）在"ch08.Dao.DaoImpl"下创建类"UserDaoImpl.java"，先实现 UserDao 接口中的

userLogin()方法功能。在实现用户登录验证时需要访问数据库，因此可以将"czmec.cn.news. ch05.util"导入，继承"BaseDao.java"，部分代码如下所示：

```
1.    public class UserDaoImpl extends BaseDao implements UserDao {
2.        public UserInfo userLogin(UserInfo user) {
3.            // TODO Auto-generated method stub
4.            Connection conn = null;    // 数据库连接
5.            PreparedStatement pstmt = null;    // 创建PreparedStatement对象
6.            ResultSet rs = null;    // 创建结果集对象
7.        String sql = "select
                    confirm1,flog,userid,userrealname,birth,fimallyaddress,email,tel,userloginname,
                    regdate,userpassword, ";
8.            sql +=   " CASE WHEN sex='1'    THEN '男' "
9.                        + "WHEN sex='0'    THEN '女'   end as sex ";
10.           sql += " from userInfo where userLoginName = '" + user.getUserLoginName()
                    + "'";
11.           sql = sql + " and userPassword = '" + user.getUserPassword() + "'";
12.           UserInfo userLogin = null;
13.           try
14.        {
15.     conn = this.getConn();
16.     pstmt = conn.prepareStatement(sql);
17.         rs =   pstmt.executeQuery();
18.         while (rs.next())
19.         {
20.             userLogin = new UserInfo();
21.                 userLogin.setBirth(rs.getString("birth"));
22.                 userLogin.setConfirm1(rs.getString("confirm1"));
23.                 userLogin.setFimallyAddress(rs.getString("fimallyAddress"));
24.                 userLogin.setEmail(rs.getString("email"));
25.                 userLogin.setFlog(rs.getString("flog"));
26.                 userLogin.setRegDate(rs.getString("regDate"));
27.                 userLogin.setSex(rs.getString("sex"));
28.                 userLogin.setTel(rs.getString("tel"));
29.                 userLogin.setUserID(rs.getInt("userID"));
30.                 userLogin.setUserLoginName(rs.getString("userLoginName"));
31.                 userLogin.setUserPassword(rs.getString("userPassword"));
32.                 userLogin.setUserRealName(rs.getString("userRealName"));
33.         }
34.     }catch(Exception e)
35.         {
```

```
36.              e.printStackTrace();
37.          }
38.          return userLogin;
39.      }
40.  …
41.  }
```

（4）在"ch08 文件夹"下创建用户登录页面"login.jsp"，并将"ch06"文件夹下的"bottom.jsp""index.jsp""left.jsp"以及"top.jsp"页面复制到"ch08"文件夹中。用户登录页面主要代码如下：

```
1.  <BODY id="userlogin_body" onload="WindowLoad();">
2.      <form id="Login" method="post" action="loginMiddle.jsp">
3.      <table height="100%" cellSpacing="0" cellPadding="0" width="100%" border="0">
4.              <tr>
5.                  <td vAlign="middle" align="center">
6.                      <DIV id="user_login">
7.                          <DL>
8.                              <DD id="user_top">
9.                                  <UL>
10.                                     <LI class="user_top_l">
11.                                     </LI>
12.                                     <LI class="user_top_c">
13.                                     </LI>
14.                                     <LI class="user_top_r">
15.                                     </LI>
16.                                 </UL>
17.
18.                                 <UL>
19.                                     <LI class="user_main_l">
20.                                     </LI>
21.                                     <LI class="user_main_c">
22.                                         <DIV class="user_main_box">
23.                                             <UL>
24.                                                 <LI>
25.                                                     <b>用户名：</b>
26.                                                 </LI>
27.                          <LI class="user_main_input" style="WIDTH: 166px; HEIGHT: 24px">
28.                          <INPUT class="TxtUserNameCssClass" onkeydown="EnterToTab();"
                                id="username" maxLength="20"
29.                      name="username"    style="WIDTH: 165px; HEIGHT: 24px" size="22">
```

```
30.                                                          </LI>
31.                                                          <li
32.                                                              <br>
33.                                                              <br>
34.                                                          </li>
35.                                                      </UL>
36.                                                      <UL>
37.                                                          <LI>
38.                  <b>密    码：</b></LI>
39.          <LI class="user_main_input" style="WIDTH: 166px; HEIGHT: 24px">
40.          <INPUT class="TxtPasswordCssClass" id="password" type="password"
                name="password"    style="WIDTH: 165px; HEIGHT: 24px" size="22">
41.                                                          </LI>
42.                                                      </UL>
43.                                                      <UL>
44.      <LI class="user_main_input" style="WIDTH: 238px; HEIGHT: 10px"><br/></LI>
45.                                                      </UL>
46.                                                      <ul>
47.          <LI class="user_main_input" style="WIDTH: 238px; HEIGHT: 10px">
                <b>没注册？请单击</b><a href="">注册</a>
48.                                                          </LI>
49.                                                      </ul>
50.                                                  </DIV>
51.                                                  </LI>
52.                                                  <LI class="user_main_r">
53.                  <INPUT class="IbtnEnterCssClass" id="btnLogin"
54.  onclick=" return CheckLoginInfo();" type="image" src="./images/login/user_botton.gif"
55.                                                      name="btnLogin" >
56.                                                  </LI>
57.                                              </UL>
58.                                          </DD>
59.
60.                                  </DL>
61.                              </DIV>
62.                          </td>
63.                      </tr>
64.                  </table>
65.              </form>
66.      </BODY>
```

上述代码生成的页面效果如图 8-21 所示。

图 8-21 用户登录界面

上述页面采用的 CSS 样式以及图片素材请参照对应的源码部分。当用户名或密码没输入而单击"登录"按钮时，进行用户输入验证，对应的 JavaScript 代码如下所示：

```
1.    <script language="javascript">
2.            function CloseWin()
3.            {
4.                    window.close();
5.            }
6.
7.            function CheckLoginInfo()
8.            {
9.                    if (Login.username.value == "")
10.                   {
11.                           alert("请输入用户账号!")
12.                           Login.username.focus();
13.                           return false;
14.                   }
15.                   if (Login.password.value == "")
16.                   {
17.                           alert("请输入密码!");
18.                           Login.password.focus();
19.                           return false;
20.                   }
21.
22.                   return true;
23.            }
24.
```

```
25.              function WindowLoad()
26.              {
27.                      Login.username.focus();
28.              }
29.
30.              //按<Enter>键直接跳转到登录
31.              function JumpTo()
32.              {
33.                      if (event.keyCode == 13)
34.                      {
35.                              Login.btnLogin.click();
36.                              return true;
37.                      }
38.              }
39.      </script>
```

（5）修改 ch08 文件夹下的"left.jsp"代码如下所示：

```
1.   <body class="page_bgk"  >
2.      <div   align="center" id="htglDiv"><img src="images/Internet.gif" width="13px"  />后台管理</div>
3.      <div style="color:#003399;fontp-size:10px" align="left"><img src="images/folder.gif"  />新闻栏目
     管理</div>
4.      <div class = "lmglDiv" >
5.        <div class="lmglDiv-hattu">  <img src="images/Forum_readme.gif" ></img>
6.        <a href="NewsTitle.jsp" target="mainFrame">新闻栏目添加</a>
7.        </div>
8.        <div class="lmglDiv-hattu">  <img src="images/Forum_readme.gif" ></img>
9.        <a href="#" target="mainFrame">新闻栏目修改</a>
10.       </div>
11.       <div class="lmglDiv-hattu">  <img src="images/Forum_readme.gif" ></img>
12.       <a href="NewsTitleBarList.jsp" target="mainFrame">新闻栏目</a>
13.       </div>
14.    </div>
15.    <div style="color:#003399;fontp-size:10px" align="left"><img src="images/folder.gif"  />新闻内容
     管理</div>
16.    <div class = "lmglDiv" >
17.       <div class="lmglDiv-hattu">  <img src="images/Forum_readme.gif" ></img>
18.       <a href="NewsContent.jsp" target="mainFrame">新闻内容维护</a>
19.       </div>
20.    </div>
21. </body>
```

系统登录成功后的界面如图 8-22 所示。

图 8-22　登录成功界面

（6）显示当前登录用户及日期时间。

将"ch08"文件夹下的"bottom.jsp"页面打开，当用户登录成功后，在页面上显示当前登录用户名称、当前日期、星期及时间，修改代码如下：

```
1.    <%@ page language="java" import="java.util.*,czmec.cn.news.ch08.Entity.*" pageEncoding="gbk"%>
2.    <html>
3.        <head>
4.            <meta http-equiv="Content-Type" content="text/html; charset=gb2312">
5.            <link rel="stylesheet" href="CSS/linkstyle.css" type="text/css" />
6.        <style>
7.          body {
8.             MARGIN: 0px
9.          }
10.       body.page_bgk {
11.            background: url(images/page_bgk.gif) white repeat-y
12.       }
13.     </style>
14.     <script language="javascript">
15.       function Date_of_Today() {
16.            var now = new Date();
17.            var year = now.getYear();
18.            var month = now.getMonth() + 1;
19.            var date = now.getDate();
20.            if (month < 10)
21.                month = '0' + month;
22.            if (date < 10)
```

```
23.              date = '0' + date;
24.          return (year + '-' + month + '-' + date);
25.      }
26.      function Day_of_Today() {
27.          var day = new Array();
28.          day[0] = "星期日";
29.          day[1] = "星期一";
30.          day[2] = "星期二";
31.          day[3] = "星期三";
32.          day[4] = "星期四";
33.          day[5] = "星期五";
34.          day[6] = "星期六";
35.          var now = new Date();
36.          return (day[now.getDay()]);
37.      }
38.
39.      function CurentTime() {
40.          var now = new Date();
41.          var hour = now.getHours();
42.          var minute = now.getMinutes();
43.          var second = now.getTime() % 60000;
44.          second = (second - (second % 1000)) / 1000;
45.          var time = hour + ':';
46.          if (minute < 10)
47.              time += '0';
48.          time += minute + ':';
49.          if (second < 10)
50.              time += '0';
51.          time += second;
52.          return (time);
53.      }
54.      function refreshDateTime() {
55.          document.all.DateTimeCol.innerHTML = Date_of_Today() + ' '
56.                  + Day_of_Today() + '   ' + CurentTime();
57.      }
58.      setInterval('refreshDateTime()', 1000);
59.  </script>
60.      </head>
```

```
61.        <%
62.              UserInfo user2 = (UserInfo) session.getAttribute("login_user");//login_user
63.        %>
64.        <body onload="refreshDateTime();" class="page_bgk">
65.              <table id="TabStatus" cellSpacing="1" cellPadding="0" border="0"
66.                    width="100%">
67.                    <tr>
68.                          <TD width="13%" id="StatusBar_Welcome" class="StatusBarTableCell"
69.                                align="left">
70.                                <IMG id="imgbExit" src="images/Internet.gif">
71.                                当前用户：
72.                                <input type="text" name="lblUser"
73.                                      value="<%=user2.getUserRealName()%>" size="8"
readonly="readonly"
74.                                      style="background: url(./images/page_bgk.gif); border-style: dotted;
border-color: white; color: red">
75.                          </td>
76.                          <td align="center" width="87%">
77.                                <div align="center" style="color: gray; font-size: 15px">
78.                                      建议使用IE6.0以上版本
79.                                </div>
80.                          </td>
81.                    </tr>
82.                    <tr>
83.                          <td id="DateTimeCol" vAlign="middle" width="13%"
84.                                class="StatusBarTableCell"></td>
85.                          <td width="87%">
86.                                <div align="center" style="color: gray; font-size: 15px">
87.                                      版权所有　SHL工作室,TEL:0519-×××××××
88.                                </div>
89.                          </td>
90.                    </tr>
91.              </table>
92.        </body>
93. </html>
```

第 6～13 行代码为内嵌样式表，第 14～59 行为获取当前系统日期、星期及时间的 JavaScript 代码，第 61～63 行及第 72 行为从 session 获取当前登录用户及显示的代码。经过改进后的系统登录运行界面如图 8-23 所示。

图 8-23　显示当前登录用户及当前系统日期时间

任务二：为系统页面增加页面访问控制

【步骤】：

（1）在浏览器的地址栏中直接输入如下页面地址：http://localhost:8080/NewsRelease System/ch08/index.jsp、http://localhost:8080/NewsReleaseSystem/ch08/NewsContentList.jsp、http://localhost:8080/NewsReleaseSystem/ch08/NewsTitleBarList.jsp、http://localhost:8080/News ReleaseSystem/ch08/left.jsp，会发现可以在地址栏中输入访问地址而绕过用户登录界面直接进入目标页面。这就需要为这些页面增加访问控制，但在实现页面访问控制代码时要注意重用性。

（2）首先打开"loginMiddle.jsp"页面，当成功登录时将当前访问用户记录到 session 对象中。部分代码如下所示：

```
1.    if(userLogin == null)
2.        response.sendRedirect("login.jsp");
3.        else
4.        {
5.           //在session中存放用户信息
6.           session.setAttribute("login_user",userLogin);
7.        response.sendRedirect("index.jsp");
8.        }
```

（3）为了代码的重用，专门创建一个页面"control.jsp"，用来实现页面访问控制代码。首先从 session 中取出保存在"login_user"变量中的当前登录用户对象，然后判断用户是否为空，如果为空，则将当前页面直接跳转到登录页面"login.jsp"。代码如下所示：

```
1.    <%@ page language="java" import="java.util.*,czmec.cn.news.ch08.Entity.*" pageEncoding="GBK"%>
2.    <%
```

```
3.      UserInfo user = (UserInfo)session.getAttribute("login_user");
4.      if(user == null)
5.      {
6.          response.sendRedirect("login.jsp");
7.          return;
8.      }
9.  %>
```

（4）使用 include 在每个需要添加页面访问控制代码的页面中（目前有 NewsTitleBarList.jsp、NewsContent.jsp、index.jsp）将"control.jsp"引入进来，代码如下所示：

```
< %@include file="control.jsp" %>
```

上述代码可以放在\<head>\</head>后面。

任务三：实现新闻栏目的添加功能

【步骤】：

（1）打开"ch08.Dao.DaoImpl"包下的类"NewsTitleBarDaoImpl.java"，实现 NewsTitleBarDao 接口中的 barAdd()方法功能。在实现新闻栏目的相关功能时需要访问数据库，因此可以将"czmec.cn.news.ch05.util"导入，继承"BaseDao.java"，部分代码如下所示：

```
1.  public class NewsTitleBarDaoImpl extends BaseDao implements NewsTitleBarDao {
2.      public int barAdd(NewsTitleBar bar) {
3.          // TODO Auto-generated method stub
4.          String   sql  = "insert into titleBar(titleBarName,createorID,createDate,) values(?,?,?,?)";
5.          String   time = new SimpleDateFormat("yyyy-MM-dd").format(new Date());   // 取得日期时间
6.          String[] parm = { bar.getTitleBarName(), String.valueOf(bar.getCreateorID()),time,bar.get xx() };
7.          int rtn = this.executeSQL(sql, parm);          // 执行SQL，并返回影响行数
8.          if(rtn>0)
9.          {
10.             System.out.println("新闻栏目发布成功。");
11.         }
12.         else
13.         {
14.             System.out.println("新闻栏目发布失败。");
15.         }
16.         return rtn;
17.     }
18.     …
19. }
```

（2）在"ch08"包下创建一个包"common"，在这个包下创建一个公共类"Common.java"，首先在里面添加一个获取当前日期的方法 getSystemCurrentDate()，代码如下：

```
1.  /**
2.   * 公共模块
```

```
3.      * @author shl
4.      *
5.      */
6.     public class Common {
7.
8.         public String getSystemCurrentDate()
9.         {
10.             SimpleDateFormat formater = new SimpleDateFormat("yyyy-MM-dd");
11.             String strCurrentDate = formater.format(new Date());
12.             return strCurrentDate;
13.         }
14.     }
```

（3）参考第 7 章中创建的页面"NewsTitleBarList.jsp"，创建新闻栏目添加页面 News TitleBarAdd.jsp，主要代码如下：

```
1.     <BODY >
2.       <%
3.       Common common = new Common();
4.       String strCurrentDate = common.getSystemCurrentDate();
5.       UserInfo login = (UserInfo) session.getAttribute("login_user");
6.       %>
7.       <h1 align="center" id="title">新闻一级栏目发布</h1>
8.       <form name="form1" method="post" action="NewsTitleBarAddMiddle.jsp">
9.         <table width="100%" cellspacing="1" cellpadding="0"    class="admintable">
10.           <tr>
11.             <td    height="29" class="admintd">
12.                 <div align="right">栏目名称</div>
13.             </td>
14.             <td    valign="middle" align="right" height="29" class="admincls0">
15.     <div align="center"><input type="text" name="titlename" size="20" value=""></div>
16.             </td>
17.           </tr>
18.           <tr>
19.             <td    height="29" class="admintd">
20.                 <div align="right">发布者</div>
21.             </td>
22.             <td    valign="middle" align="right" height="29" class="admincls0">
23.                 <div align="center"><input type="text" name="WritePersonname" size="20"
        value="<%=login.getUserRealName() %>"></div>
24.             </td>
```

```
25.              </tr>
26.              <tr>
27.                  <td   height="29" class="admintd">
28.                      <div align="right">发布时间</div>
29.                  </td>
30.                  <td   valign="middle" align="right" height="29" class="admincls0">
31.                      <div align="center"><input type="text" name="WriteDate" size="20"
    value="<%=strCurrentDate %>" readonly="readonly"></div>
32.                  </td>
33.              </tr>
34.              <tr>
35.                  <td align="center" colspan="2">
36.                      <div align="center"><input type="submit" name="Submit2" value="确定"
    onclick="return   checkNewsFirstTitle();">
37.                      <input type="reset" name="Reset" value="重置">
38.                  </div>
39.                  </td>
40.              </tr>
41.      </table>
42.      <p>       </p>
43.      <p align="center">
44.          <font face="隶书" size="4">注意：发布前请认真检查输入的栏目是否正确</font><font
    face="隶书">。</font>
45.      </p>
46.  </form>
47. </BODY>
```

上述代码生成的页面如图 8-24 所示。

图 8-24　新闻一级栏目发布页面

当单击图 8-24 中的"确定"按钮时，将页面提交到"NewsTitleBarAddMiddle.jsp"页面，这个页面专门用来进行逻辑功能的处理：首先获取 form 中的栏目名称和发布时间，然后从 session 中取出当前登录用户，将它们封装在 newsTitleBar 对象中，调用 NewsTitleBarDaoImpl 中的 addBar()方法实现新闻栏目发布功能。代码如下所示：

```
1.    <%@ page language="java" import="czmec.cn.news.ch08.Entity.*" pageEncoding="GBK"%>
2.    <%@ page import = "czmec.cn.news.ch08.Dao.*,czmec.cn.news.ch08.Dao.DaoImpl.*" %>
3.    <%
4.        String titleNameBar = request.getParameter("titlename");
5.        String strCurrentDate = request.getParameter("WriteDate");
6.        UserInfo userinfo = (UserInfo)session.getAttribute("login_user");
7.        NewsTitleBar newsTitleBar = new NewsTitleBar();
8.        newsTitleBar.setTitleBarName(titleNameBar);
9.        newsTitleBar.setCreateorID(userinfo.getUserID());
10.       newsTitleBar.setYxx("1");
11.       newsTitleBar.setCreateDate(strCurrentDate);
12.       NewsTitleBarDao newsTitleBarDao = new NewsTitleBarDaoImpl();
13.       int rtn = newsTitleBarDao.barAdd(newsTitleBar);
          if(rtn == 1)
14.       {
15.           session.setAttribute("mesg","新闻一级栏目发布成功！");
16.       }
17.       else
18.       {
19.           session.setAttribute("mesg","新闻一级栏目发布失败！");
20.       }
21.       response.sendRedirect("success.jsp");
22.   %>
```

（4）创建"success.jsp"页面，用来显示新闻栏目或新闻内容发布结果提示信息，部分代码如下所示：

```
1.    <body>
2.        <%
3.            String mesg = (String) session.getAttribute("mesg");
4.        %>
5.        <h1 align="center"><font size="4" color="#FF0000"><%=mesg %></font></h1>
6.        <p align="center"><a href="javascript:history.go(-1);"><font face="隶书" size="4">返回
      </font></a></p>
7.    </body>
```

（5）运行并登录系统后，单击左边的"新闻栏目发布"导航，如图 8-25 所示。

图 8-25　新闻栏目发布

当单击"确定"按钮后，显示发布成功，如图 8-26 所示。

图 8-26　新闻栏目发布成功提示

当单击图 8-26 中的"新闻栏目管理"导航时，会弹出如图 8-27 所示的界面。

新闻栏目管理

▷查询条件

| 栏目名称 | | | | 查询 清空 |

▷新闻栏目列表

新闻栏目 ID	新闻栏目名称	栏目创建者	创建时间	有效性
1	军事	2	2013-6-23	有效
2	生活	2	2013-6-23	有效
3	娱乐	2	2013-6-23	有效
4	房产	2	2013-6-23	有效
5	时尚	2	2013-6-23	有效
6	2??-	2	2013-07-14	有效
7	?-??	2	2013-07-14	有效

乱码

图 8-27　新闻栏目列表乱码

在图 8-27 中可以看到刚发布的新闻栏目名称出现了乱码，将"NewsTitleBarAddMiddle.jsp"页面打开，修改如下一行代码，乱码问题就可以解决了。

```
String titleNameBar =
new String(request.getParameter("titlename").getBytes("iso-8859-1"),"GBK");
```

任务四：实现新闻内容的添加功能

【步骤】：

（1）打开"ch08.Dao.DaoImpl"包下的类"NewsContentDaoImpl.java"，实现 NewsContentDao

接口中的 newsAdd()方法功能。在实现新闻内容的相关功能时需要访问数据库，因此可以将 "czmec.cn.news.ch05.util" 导入，继承 "BaseDao.java"，部分代码如下所示：

```
1.    public class NewsContentDaoImpl extends BaseDao implements NewsContentDao {
2.    public int newsAdd(NewsContent news) {
3.    String    sql    = "insert into
      newsContent(titleName,keyWords,contentAbstract,content,addDate,writerID,titlebarID)
      values(?,?,?,?,?,?,?)";
4.            String    time = new SimpleDateFormat("yyyy-MM-dd").format(new Date());    // 取得日期时间
5.            String[] parm = { news.getTitleName(), news.getKeyWords(),news.getContentAbstract(),
6.                            news.getContent(),time,String.valueOf(news.getWriterID()),
7.                            String.valueOf(news.getTitlebarID())};
              int rtn = this.executeSQL(sql, parm);            // 执行SQL，并返回影响行数
8.        if(rtn>0)
9.        {
10.               System.out.println("新闻内容发布成功。");
11.        }
12.       else
13.        {
14.               System.out.println("新闻内容发布失败。");
15.        }
16.       return rtn;
17.    }
18.   …
19.   }
```

（2）参考上一节创建的页面 "NewsTitleBarAdd.jsp"，创建新闻内容添加页面 NewsContentAdd.jsp，主要代码如下：

```
1.    <BODY >
2.        <%
3.           Common common = new Common();
4.           String strCurrentDate = common.getSystemCurrentDate();
5.           UserInfo login = (UserInfo) session.getAttribute("login_user");
6.        %>
7.        <h1 align="center" id="title">新闻内容发布</h1>
8.        <form name="form1" method="post" action="NewsContentAddMiddle.jsp">
9.            <table width="100%" cellspacing="1" cellpadding="0"    class="admintable">
10.              <tr>
11.                  <td   height="29" class="admintd">
12.                      <div align="right">新闻标题</div>
13.                  </td>
14.                  <td   valign="middle" align="left" height="29" class="adminter0">
15.          <div align="left"><input type="text" name="titlename" size="20" value=""></div>
16.                  </td>
```

```
17.                          <td    height="29" class="admintd">
18.                              <div align="right">关键字</div>
19.                          </td>
20.                          <td   valign="middle" align="left" height="29" class="admincls0">
21.              <div align="left"><input type="text" name="keyWords" size="20" value=""></div>
22.                          </td>
23.                      </tr>
24.                      <tr>
25.                          <td    height="29" class="admintd">
26.                              <div align="right">所属栏目</div>
27.                          </td>
28.                          <td   valign="middle" align="left" height="29" class="admincls0">
29.                              <div align="left">
30.                                  <select name="newsTitleBarName" id="newsTitleBarName" >
31.                      <%
32.                          NewsTitleBarDao newsbarDao = new NewsTitleBarDaoImpl();
33.                          List l =   newsbarDao.getAllNewsTitleBar();
34.                          for(int i=0;i<l.size();i++)
35.                          {
36.                              NewsTitleBar    newsTitleBar = (NewsTitleBar)l.get(i);
37.                      %>
38.
    <option><%=newsTitleBar.getTitleBarID()+"-"%><%=newsTitleBar.getTitleBarName()%></option>
39.                          <%} %>
40.                              </select>
41.                              </div>
42.                          </td>
43.                          <td    height="29" class="admintd">
44.                              <div align="right">发布者</div>
45.                          </td>
46.                          <td   valign="middle" align="left" height="29" class="admincls0">
47.                              <div align="left"><input type="text"   readonly="readonly"
    name="WritePersonname" size="20" value="<%=login.getUserRealName() %>"></div>
48.                          </td>
49.                      </tr>
50.
51.                      <tr>
52.                          <td   height="29" class="admintd">
53.                              <div align="right">内容简介</div>
.
54.                          </td>
55.                          <td   valign="middle" align="left" height="29" class="admincls0">
56.              <div align="left"><textarea name="contentAbstract" rows="6" cols="25"></textarea></div>
57.                          </td>
58.                          <td    class="admintd" rowspan="2" align="center">
59.                              <div align="right">主要内容</div>
60.                          </td>
61.                          <td    align="left"    class="admincls0" rowspan="2">
62.              <div align="left"><textarea name="content" rows="7" cols="25"></textarea></div>
```

```
63.                            </td>
64.                        </tr>
65.                        <tr>
66.                            <td    height="29"    class="admintd">
67.                                <div align="right">发布时间</div>
68.                            </td>
69.                            <td    height="29"    align="left"    class="admincls0">
70. <div align="left"><input type="text" name="WriteDate" size="20" value="<%=strCurrentDate %>"
readonly="readonly"></div>
71.                            </td>
72.                        </tr>
73.                        <tr>
74.                            <td align="center" colspan="4">
75. <div align="center"><input type="submit" name="Submit2" value="确定" onclick="return
checkNewsFirstTitle();">
76.                                    <input type="reset" name="Reset" value="重置">
77.                                </div>
78.                            </td>
79.                        </tr>
80.                    </table>
81.                    <p>     </p>
82.                    <p align="center">
83.                        <font face="隶书" size="4">注意：发布前请认真检查输入的栏目是否正确
</font><font face="隶书">。</font>
84.                    </p>
85.                </form>
86.        </BODY>
```

上述代码生成的页面如图 8-28 所示。

图 8-28　新闻内容发布页面

（3）当单击图 8-28 中的"确定"按钮时，将页面提交到"NewsContentAddMiddle.jsp"
页面，这个页面专门用来进行逻辑功能的处理：首先获取 form 中提交的相关信息，然后从
session 中取出当前登录用户，将它们封装在 newsContent 对象中，调用 NewsContentDaoImpl

170

中的 newsAdd()方法实现新闻栏目发布功能。代码如下所示：

```jsp
1.   <%@ page language="java" import="czmec.cn.news.ch08.Entity.*" pageEncoding="GBK"%>
2.   <%@ page import = "czmec.cn.news.ch08.Dao.*,czmec.cn.news.ch08.Dao.DaoImpl.*" %>
3.   <%
4.       String titlename = new String(request.getParameter("titlename").getBytes("iso-8859-1"),"GBK");
5.       String keyWords = new String(request.getParameter("keyWords").getBytes("iso-8859-1"),"GBK");
6.       String strCurrentDate = request.getParameter("WriteDate");
7.       String contentAbstract = new
     String(request.getParameter("contentAbstract").getBytes("iso-8859-1"),"GBK");
8.       String content = new String(request.getParameter("content").getBytes("iso-8859-1"),"GBK");
9.       String newsTitleBarName_ID = new
     String(request.getParameter("newsTitleBarName").getBytes("iso-8859-1"),"GBK");
10.      String[] newsTitleBar = newsTitleBarName_ID.split("-");
11.      String newsTitleBarID = newsTitleBar[0].toString();
12.      UserInfo userinfo = (UserInfo)session.getAttribute("login_user");
13.      NewsContent newsContent = new NewsContent();
14.
15.      newsContent.setAddDate(strCurrentDate);
16.      newsContent.setContent(content);
17.      newsContent.setContentAbstract(contentAbstract);
18.      newsContent.setKeyWords(keyWords);
19.      newsContent.setPersonName(userinfo.getUserRealName());
20.      newsContent.setTitlebarID(newsTitleBarID);
21.      newsContent.setTitleBarName(newsTitleBar[1].toString());
22.      newsContent.setTitleName(titlename);
23.      newsContent.setWriterID(userinfo.getUserID());
24.      NewsContentDao newsContentDao = new NewsContentDaoImpl();
25.      int rtn = newsContentDao.newsAdd(newsContent);
26.      if(rtn == 1)
27.      {
28.          session.setAttribute("mesg","新闻内容发布成功！");
29.      }
30.      else
31.      {
32.          session.setAttribute("mesg","新闻内容发布失败！");
33.      }
34.      response.sendRedirect("success.jsp");
35.   %>
```

（4）运行并登录系统后，单击左边的"新闻内容发布"导航，如图 8-29 所示。

图 8-29　新闻内容发布

当输入内容单击"确定"按钮后，显示发布成功，如图 8-30 所示。

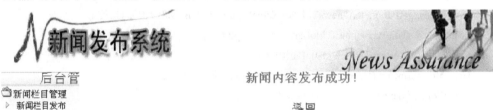

图 8-30　新闻内容发布成功提示

当单击图 8-29 中的"新闻内容管理"导航时，会弹出如图 8-31 所示的界面。

新闻内容管理

新闻ID	新闻标题	所属栏目	关键字	新闻简介	发布人	发布日期
1	房子降价了	房产	房子、莱蓉城	莱蓉城房子大降价	孙华林	2013-7-1
2	莱蓉城房子降价了	房产	房子、莱蓉城	莱蓉城房子大降价	孙华林	2013-7-1
3	降息了	财经	银行降息	银行降息了	孙华林	2013-07-16
4	生活好	生活	生活	生活好	孙华林	2013-07-16
5	银行降息了	财经	银行降息	银行降息了	孙华林	2013-07-16

图 8-31　新闻内容列表

任务五：完善新闻栏目的查询列表功能——条件检索

前面章节实现的新闻栏目列表功能有以下缺陷：

1）查询不起作用。

2）列表中的新闻栏目创建者显示的内容是创建者的 ID 号，应该显示创建者的姓名。

针对上述两个缺陷，对新闻栏目查询列表进行完善。

【步骤】：

（1）打开"czmec.cn.news.ch08.Dao.DaoImpl"包下面的"NewsTitleBarDaoImpl.java"类，
修改"barSelectListByTitleName(NewsTitleBar bar)"方法中的 SQL 语句，对表"titleBar"和

"userInfo"进行联合查询,联合条件是"titleBar"表中的"creatorID"和"userInfo"表中的"userID"相等,查询使用 like 语句,以支持模糊查询。部分 SQL 语句代码如下:

```
1.           …
2.           String    sql   = "select titleBarID,titleBarName, creatorID,createDate,
             u.userRealName as username, ";
3.           sql +=   " CASE WHEN yxx='1'   THEN '有效' "
4.                        + "          WHEN yxx='0'   THEN '无效'   end as yxx ";
5.           sql += " from titleBar as t,userinfo as u where 1=1 and t.creatorID = U.userID ";
6.           if(bar!=null)
7.           {
8.               if(bar.getTitleBarName().trim()!= "")
9.               sql = sql + " and titleBarName like '%" + bar.getTitleBarName().trim() + "%'";
10.          }
11.          …
```

(2)打开"ch08"文件夹下的"NewsTitleBarList.jsp"页面,首先将 form 表单的 action 属性修改为"NewsTitleBarList.jsp"。这样当单击这个页面上的"确定"按钮时,将当前页面提交到本身这个页面。

(3)继续修改"NewsTitleBarList.jsp"页面中嵌入的脚本,代码如下所示:

```
1.    …
2.    <%
3.        NewsTitleBarDao newsTitleBarDao = new NewsTitleBarDaoImpl();
4.        NewsTitleBar   newsTitleBar = new NewsTitleBar();
5.        String titlename = "";
6.        if(request.getParameter("titlename")!= null )
7.        {
8.          if((request.getParameter("titlename")).trim() !="")
9.          {
10.   titlename = new String(request.getParameter("titlename").getBytes("iso-8859-1"),"GBK");
11.       }
12.     }
13.       newsTitleBar.setTitleBarName(titlename);
14.       List newTitleBarList = newsTitleBarDao.barSelectListByTitleName(newsTitleBar);
15.   %>
16.   …
```

(4)打开"ch08"文件夹下的 NewsTitleBar,增加一个属性 userNaem 及对应的 get/set 方法。

上述代码表示:当用户提交页面到本页面时,使用 request 对象获取查询条件,如果查询条件不为空,则将用户输入的信息作为查询条件构建 SQL 语句。当用户输入"军事"作为检索条件时,检索结果如图 8-32 所示。

图 8-32　新闻栏目检索列表

任务六：完善新闻内容的查询列表功能——条件检索

同样，已经实现的新闻内容查询列表也有以下缺陷：

1）查询不起作用，仅显示全部新闻内容列表。

2）列表中的新闻内容发布者显示的内容是发布者的 ID 号，应该显示发布者的姓名。

下面，将对上述缺陷进行改进。

【步骤】：

（1）打开 "czmec.cn.news.ch08.Dao.DaoImpl" 包下面的 "NewsContentDaoImpl.java" 类，修改 "newsSelectListByTitleName_Content_Writer(NewsContent news)" 方法中的 SQL 语句，对表 "titleBar"、"userInfo" 和 "newsContent" 执行联合查询，联合条件是 "newsContent" 表中的 "writerID" 和 "userInfo" 表中的 "userID" 相等，"newsContent" 表中的 "titleBarID" 和 "titleBar" 表中的 "titleBarID" 相等。其中新闻名称、新闻关键字以及新闻简介检索使用 like 语句，以支持模糊查询。部分 SQL 语句代码如下：

```
1.    …
2.    String    sql   = "select a.*,b.titleBarName as titleBarName, c.userRealName as personName from
      newsContent as a,titleBar as b , userInfo as c where a.titlebarID=b.titleBarID and a.writerID=c.userID ";
3.        if(news !=null)
4.        {
5.            if(news.getTitleName().trim()!="")
6.              sql += " and titlename like '%" + news.getTitleName().trim() + "%' ";
7.            if(news.getKeyWords().trim()!="")
8.                    sql += " and keyWords like '%" + news.getKeyWords().trim() + "%' ";
9.            if(news.getContentAbstract().trim()!="")
10.       sql += " and contentabstract like '%" + news.getContentAbstract().trim() + "%' ";
11.         if(news.getTitleBarName().trim()!="")
12.               if(!news.getTitleBarName().trim().equals("请选择"))
13.               sql += " and b.titleBarName = '" + news.getTitleBarName().trim() + "' ";
14.     }
15.     …
```

（2）打开 "ch08" 文件夹下的 "NewsContentList.jsp" 页面，首先将 form 表单的 action 属性修改为 "NewsContentList.jsp"。这样当单击这个页面上的 "确定" 按钮时，将当前页面提交到本身这个页面。

（3）继续修改 "NewsContentList.jsp" 页面中嵌入的脚本，代码如下所示：

```
1.        …
2.        <%
3.            //创建NewsContentDaoImpl类的对象 newsContentDao并指向其接口
4.            NewsContentDao  newsContentDao = new NewsContentDaoImpl();
5.            //创建实体类对象新闻内容对象NewsContent
6.            NewsContent newsContent = new   NewsContent();
7.            String newsTitleName =
```

```
              "",newsKeyWords="",newsAbstract="",newsTitleBarName="",newsTitleBarID="";
8.            if(request.getParameter("newsTitleName")!= null )
9.            {
10.              if((request.getParameter("newsTitleName")).trim() !="")
11.              {
12.               newsTitleName = new
        String(request.getParameter("newsTitleName").getBytes("iso-8859-1"),"GBK");
13.              }
14.            }
15.            if(request.getParameter("newsKeyWords")!= null )
16.            {
17.              if((request.getParameter("newsKeyWords")).trim() !="")
18.              {
19.               newsKeyWords = new
        String(request.getParameter("newsKeyWords").getBytes("iso-8859-1"),"GBK");
20.              }
21.            }
22.            if(request.getParameter("newsAbstract")!= null )
23.            {
24.              if((request.getParameter("newsAbstract")).trim() !="")
25.              {
26.               newsAbstract = new
        String(request.getParameter("newsAbstract").getBytes("iso-8859-1"),"GBK");
27.              }
28.            }
29.            if(request.getParameter("newsTitleBarName")!= null )
30.            {
31.              if((request.getParameter("newsTitleBarName")).trim() !="")
32.              {
33.               String[] a = (new String(request.getParameter("newsTitleBarName").getBytes("iso-8859-1"),
        "GBK")).split("-");
34.               newsTitleBarID= a[0].toString().trim();
35.               newsTitleBarName = a[1].toString().trim();
36.              }
37.            }
38.            newsContent.setContentAbstract(newsAbstract);
39.            newsContent.setKeyWords(newsKeyWords);
40.            newsContent.setTitlebarID(newsTitleBarID);
41.            newsContent.setTitleBarName(newsTitleBarName);
42.            newsContent.setTitleName(newsTitleName);
```

43.	//调用newContentDao中
44.	List newsContentList = newsContentDao.newsSelectListByTitleName_Content_Writer(newsContent);
45.	if(newsContentList.size() ==0)
46.	{
47.	%>
48.	…

上述代码表示：当用户提交页面到本页面时，使用 request 对象获取查询条件，如果查询条件不为空，则将用户输入的信息作为查询条件构建 SQL 语句。当用户输入"生活"作为检索条件时，检索结果如图 8-33 所示。

图 8-33　新闻内容检索列表

2

第 2 篇　提高篇

第9章 在"新闻发布系统"中引入 Servlet 技术

本章简介

本章重点介绍了 Servlet 编程的基础知识，包括 Servlet 的概念、Servlet 和 JSP 的关系、Servlet 接口及常用 API、Servlet 生命周期、创建 Servlet 的步骤和方法、Servlet 的配置部署及运行、中文乱码问题等，在此基础上介绍了 Servlet 的会话跟踪技术及 MVC 设计模式。最后将 Servlet 技术引入"新闻发布系统"，继续优化及开发"新闻发布系统"的功能。

本章学习目标

- 理解 Servlet 的生命周期。
- 会使用 Servlet 处理 Get/Post 请求。
- 会使用 Servlet 处理页面的转向。
- 会配置 web.xml 文件。
- 会使用 HttpServletRequest 和 HttpServletResponse 对象进行参数接收、字符编码方式的设置、页面转发等。
- 理解会话跟踪的原理。
- 理解 MVC 设计模式的概念、优点。
- 会使用获取 HttpSession 对象的方法。
- 会使用 HttpSession 对象进行数据的存取。
- 会使用基于 JSP+Servlet+JavaBean 实现 MVC 设计模式。

本章任务

基于 Servlet 技术继续升级"新闻发布系统"。

- 任务一：基于 MVC 模式实现"新闻发布系统"的用户注册功能。
- 任务二：当系统注册成功后延时跳转到新闻浏览页面。

9.1 Servlet 编程基础

9.1.1 初识 Servlet

使用 JSP 技术开发 Web 应用程序的编程模式，如图 9-1 所示。

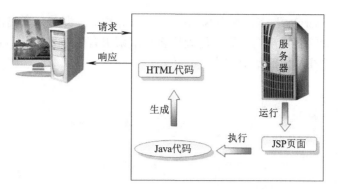

图 9-1 JSP 技术编程模式

通过图 9-1 可以看出，使用 JSP 技术进行 Web 应用程序的开发时，在 JSP 页面中嵌入 Java 代码，从数据库服务器动态获取数据，最终生成 HTML 代码并显示在客户端浏览器上。

但是，在 JSP 技术出现之前，J2EE 平台的开发人员使用 Servlet 技术编程模式编写 Web 应用程序，如图 9-2 所示。

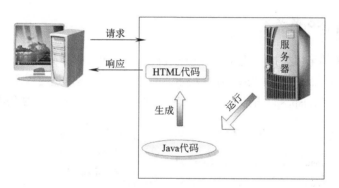

图 9-2 Servlet 技术编程模式

由于没有 JSP 页面技术，服务器直接运行 Java 代码生成页面。图 9-2 中的 Java 代码，本质上就是 Servlet 程序。

可以从以下 3 个方面来理解 Servlet 概念，如图 9-3 所示。

1）Servlet 本质上是一段 Java 程序或代码。

2）这段代码或程序是运行在服务器端的。

3）用于处理客户端的请求并作出响应。

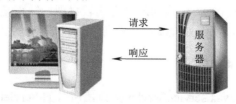

图 9-3 Servlet 运行于服务器端

看下面的一段代码，创建的 Servlet 的名称为"HelloServlet"。通过该名称的前面的关键字"class"可以看出，Servlet 的本质其实就是 Java 类。它和普通的 Java 类是有区别的，即这个类继承了"HttpServlet"类。整个 Servlet 由 3 部分构成，即导入所需的包、处理请求的方法以及将数据发送给客户端的代码。而处理客户端请求有两个方法，即 doGet()和 doPost()方法。这两个方法将在后面的章节中详细介绍。

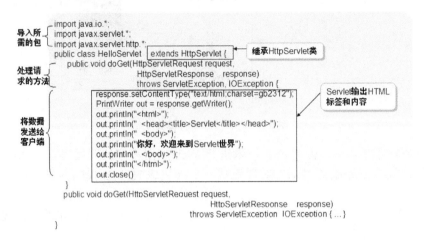

9.1.2 Servlet 和 JSP 的关系

Servlet 和 JSP 都可以生成动态网页，Servlet 是 JSP 技术的基础。

所有的 JSP 页面在运行前都需要转换成 Servlet 文件。这个过程是由容器负责完成的。下面的案例展示了名称为"MyJsp.jsp"的页面转换为 Servlet 后，其文件名称变为"MyJsp.java"。

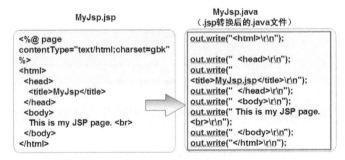

可以发现，JSP 页面上的任何字符在转换成 Servlet 后，都要通过 out.write()方法将字符输出到页面上。

可见，Servlet 可以实现 JSP 技术的页面显示功能，但比较烦琐。

JSP 的优点是便于网页制作，生成动态页面比较直观，缺点是不容易跟踪与排错。

Servlet 是纯 Java 语言，便于处理流程和业务逻辑，缺点是生成动态网页不直观。

9.1.3 Servlet 接口及常用 API

Servlet API 的核心是 javax.servlet.Servlet 接口，所有的 Servlet 类都必须实现这一接口。Servlet API 包含在以下两个包内。

1）javax.servlet 包。

javax.servlet 包中的类和接口支持通用的 Servlet，包括 Servlet、ServletRequest、

ServletConfig、ServletContext 接口及抽象类 GenericServlet。

2）javax.servlet.http 包。

javax.servlet.http 包中的类和接口是用于支持 HTTP 的 Servlet API。

在 Servlet 接口中定义了 5 个方法，其中有 3 个方法都由 Servlet 容器来调用，容器会在 Servlet 的生命周期的不同阶段调用特定的方法。

1）init（ServletConfig config）方法：负责初始化 Servlet 对象。容器在创建好 Servlet 对象后，就会调用该方法。

2）service（ServletRequest req, ServletResponse res）方法：负责响应客户的请求，为客户提供相应的服务。当容器接收到客户端要求访问特定 Servlet 对象的请求时，就会调用该 Servlet 对象的 service()方法。

3）destroy()方法：负责释放 Servlet 对象占用的资源。当 Servlet 对象结束生命周期时，容器会调用此方法。

Servlet 接口还定义了以下两个返回 Servlet 的相关信息的方法。JavaWeb 应用中的程序代码可以访问 Servlet 的两个方法，从而获得 Servlet 的配置信息及其他相关信息。

1）getServletConfig()：返回一个 ServletConfig 对象，在该对象中包含了 Servlet 的初始化参数信息。

2）getServletInfo()：返回一个字符串，在该字符串中包含了 Servlet 的创建者、版本和版权等信息。

在Servlet API中，javax.servlet.GenericServlet抽象类实现了Servlet接口，而javax.servlet.http.HttpServlet抽象类是GenericServlet类的子类。当用户开发自己的Servlet类时，可以选择扩展GenericServlet类或者HttpServlet类。图 9-4 显示了Servlet接口及其实现类的类框图。

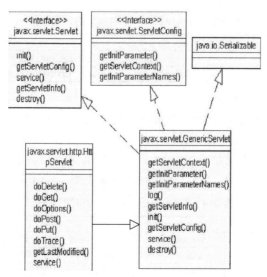

图 9-4　Servlet 接口及其实现类的类框图

1. GenericServlet 抽象类

当需要创建一个 Servlet 时，必须实现 javax.servlet.Servlet 接口，而 java.servlet.GenericServlet 类实现了 Servlet 接口，从而简化了相关操作。GenericServlet 类中相关常用方法描述如表 9-1 所示。

表 9-1 GenericServlet 常用方法

方 法 名 称	返 回 值	功 能 描 述
getInitParameter(String name)	String	返回服务器上与指定 URL 相对应的 ServletContext 对象，实际上是调用 ServletConfig 接口的同名方法
getServletContext()	ServletContext	返回 Servlet 的上下文对象引用，实际上是调用 ServletConfig 接口的同名方法
init()	void	初始化 Servlet

2．HttpServlet 抽象类

抽象类 HttpServlet 继承自 GenericServlet 类，具有与 GenericServlet 类似的方法和对象，支持 HTTP 的 post 和 get 方法。HttpServlet 主要用来接收客户端发出的 HTTP 请求并进行相应的处理，将处理后返回的结果自动封装到 HttpServletRequest 对象中。

根据 HTTP 中定义的请求方法，HttpServlet 分别提供了处理请求对应的方法，即 doGet 和 doPost 方法，如表 9-2 所示。

表 9-2 HttpServlet 处理请求的方法

方 法 名 称	返 回 值	功 能 描 述
doGet(HttpServletRequest request,HttpServletRresponse response)	void	以 Get 请求服务时调用
doPost(HttpServletRequest request,HttpServletRresponse response)	void	以 Post 请求服务时调用

HttpServlet 类是一个抽象的类，当需要编写 Servelt 时就一定要继承 HttpServlet 类，进而将需要响应到客户端的数据封装到 HttpServletRequest 对象中。

3．ServletConfig 接口

当一个 Servlet 初始化时，可以使用 ServletConfig 对象获取初始化参数。ServletConfig 接口中定义的常用方法如表 9-3 所示。

表 9-3 ServletConfig 中定义的常用方法

方 法 名 称	返 回 值	功 能 描 述
getInitParameter(String name)	String	获取 web.xml 中设置的以 name 命名的初始化参数值
getServletContext()	ServletContext	返回 Servlet 的上下文对象引用

4．ServletContext 接口

一个 ServletContext 对象表示一个 Web 应用上下文，Servlet 使用 ServletContext 接口中定义的方法与 Servlet 容器进行数据通信。

ServletContext 接口的实现是由 Servlet 容器的厂商负责提供的。当应用程序加载时，容器负责创建 ServletContext 对象。ServletContext 对象主要方法如表 9-4 所示。

表 9-4 ServletContext 中的常用方法

方 法 名 称	返 回 值	功 能 描 述
getContext(String path)	ServletContext	返回服务器上与指定 URL 相对应的 ServletContext 对象
setAttribute(String name,Object obj)	void	设置 Servlet 中的共享属性
getAttribute(String name)	Object	获取 Servlet 中设置的共享属性

5．ServletRequest 和 HttpServletRequest 接口

（1）ServletRequest 接口。

在 Servlet 接口的 service（ServletRequest req, ServletResponse res）方法中有一个 ServletRequest 类型的参数。ServletRequest 类表示来自客户端的请求。当 Servlet 容器接收到

客户端要求访问特定 Servlet 的请求时，容器先解析客户端的原始请求数据，把它包装成一个 ServletRequest 对象。当容器调用 Servlet 对象的 service()方法时，就可以把 ServletRequest 对象作为参数传给 service()方法。

ServletRequest 接口提供了一系列用于读取客户端的请求数据的方法，如表 9-5 所示。

表 9-5　ServletRequest 接口中的常用方法

方 法 名 称	功 能 描 述
getContentLength()	返回请求正文的长度。如果请求正文的长度未知，则返回–1
getContentType()	获得请求正文的 MIME 类型。如果请求正文的类型未知，则返回 null
getInputStream()	返回用于读取请求正文的输入流
getLocalAddr()	返回服务器端的 IP 地址
getLocalName()	返回服务器端的主机名
getLocalPort()	返回服务器端的 FTP 端口号
getParameter(String name)	根据给定的请求参数名，返回来自客户请求中的匹配的请求参数值
getProtocol()	返回客户端与服务器端通信所用的协议的名称及版本号
getReader()	返回用于读取字符串形式的请求正文的 BufferedReader 对象
getRemoteAddr()	返回客户端的 IP 地址
getRemoteHost()	返回客户端的主机名
getRemotePort()	返回客户端的 FTP 端口号
setAttribute(String name, object)	在请求范围内保存一个属性，参数 name 表示属性名，参数 object 表示属性值
getAttribute(String name)	根据 name 参数给定的属性名，返回请求范围内匹配的属性值
removeAttribute(String name)	从请求范围内删除一个属性

（2）HttpServletRequst 接口。

HttpServletRequst 接口继承自 ServletRequest 接口。使用该接口同样可以获取请求中的参数。除了继承自 ServletRequest 接口中的方法外，HttpServletRequst 还增加了一些读取请求信息的方法，其中最常用的方法是 getSession()方法。该方法返回一个和此次请求相关联的 HttpSession 类型的对象，当没有给客户端分配 session 时，则创建一个新的 Http Session 对象返回。

6. ServletResponse 和 HttpServletResponse 接口

（1）ServletResponse 接口。

Servlet 容器在接收客户端请求时，除了创建 ServletRequest 对象用于封装客户端的请求信息外，还创建了一个 ServletResponse 对象用来封装响应数据，并且同时将这两个对象作为参数一起传递给 Servlet。

Servlet 利用 ServletRequest 对象获取客户端的请求数据，获取的数据经过处理后由 ServletResponse 对象将响应数据返回到客户端。

ServletResponse 接口中常用的方法如表 9-6 所示。

表 9-6　ServletResponse 接口中的常用方法

方 法 名 称	功 能 描 述
getWriter()	该方法返回一个 PrintWrite 对象，用于向客户端发送文本
getCharacterEncoding()	返回在响应中发送的正文所使用的字符编码
setCharacerEncoding()	设置发送到客户端的响应的字符编码
setContentType(String type)	设置发送到客户端的响应的内容类型，此时响应状态尚未提交

（2）HttpServletResponse 接口。

与 HttpServletRequest 接口类似，HttpServletResponse 接口也继承自 ServletResponse 接口，用于对客户端的请求作出响应。它除了具有 ServletResponse 接口中的方法外，还增加了新方法，其中最常使用的方法是 sendRedirect（String location），其功能是发送一个临时的重定向响应到客户端，以便客户端访问新的 URL。

9.1.4 Servlet 生命周期

Servlet 运行在 Servlet 容器中，其生命周期由容器来管理。Servlet 容器处理客户端的请求示意图，如图 9-5 所示。

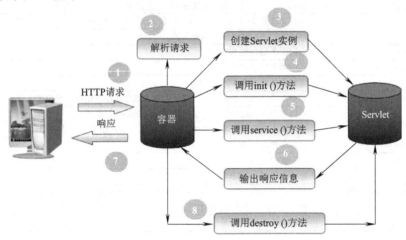

图 9-5　Servlet 容器处理客户端请求

Servlet 的生命周期通过 javax.servlet.Servlet 接口中的 init()、service()和 destroy()方法来实现。Servlet 的生命周期序列图如图 9-6 所示。

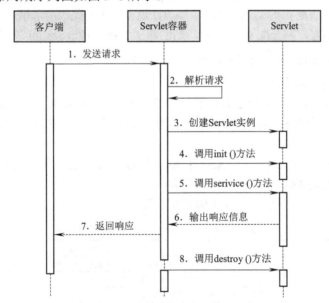

图 9-6　Servlet 的生命周期序列图

Servlet 的生命周期主要包含了以下 4 个阶段：
（1）加载和实例化。
Servlet 容器负责加载和实例化 Servlet。当 Servlet 容器启动时，或者在容器检测到需要这个 Servlet 来响应第一个请求时，Servlet 容器会查找内存中是否有 Servlet 实例，如果不存在，就创建一个 Servlet 实例。

Servlet 容器也叫 Servlet 引擎，是 Web 服务器或应用服务器的一部分，用于在发送的请求和响应之间提供网络服务。

（2）初始化。

在 Servlet 容器加载并实例化好 Servlet 后，容器将调用 Servlet 的 init()方法初始化这个对象。初始化的目的是为了让 Servlet 对象在处理客户端请求前完成一些初始化的工作，如建立数据库的连接、获取配置信息等。对于每一个 Servlet 实例，init()方法只被调用一次。在初始化期间，Servlet 实例可以使用容器为 ServletConfig 对象从 Web 应用程序的配置信息（在web.xml 中配置）中获取初始化的参数信息。在初始化期间，如果发生错误，Servlet 实例可以抛出 ServletException 异常或者 UnavailableException 异常来通知容器。ServletException 异常用于指明一般的初始化失败。例如，数据库服务器没有启动，数据库连接无法建立，Servlet就可以抛出 UnavailableException 异常向容器指出它暂时或永久不可用。

（3）服务。

Servlet 容器调用 Servlet 的 service()方法对请求进行处理。要注意的是，在 service()方法调用之前，init()方法必须成功执行。在 service()方法中，Servlet 实例通过 ServletRequest 对象得到客户端的相关信息和请求信息，在对请求进行处理后，调用 ServletResponse 对象的方法设置响应信息。在 service()方法执行期间，如果发生错误，Servlet 实例可以抛出 ServletException异常或者 UnavailableException 异常。如果 UnavailableException 异常指示了该实例永久不可用，则 Servlet 容器将调用实例的 destroy()方法，释放该实例。此后对该实例的任何请求，都将收到容器发送的 HTTP 404（请求的资源不可用）响应。如果 UnavailableException 异常指示了该实例暂时不可用，那么在暂时不可用的时间段内，对该实例的任何请求都将收到容器发送的 HTTP503（服务器暂时忙，不能处理请求）响应。

（4）销毁。

Servlet 实例是由 Servlet 容器创建的，所以实例的销毁也是由容器来完成的。检测到一个Servlet 实例应该从服务中被移除的时候，容器就会调用实例的 destroy()方法，以便让该实例可以释放它所使用的资源。当需要释放内存或者容器关闭时，容器就会调用 Servlet 实例的 destroy()方法。在 destroy()方法调用之后，容器会释放该 Servlet 实例，该实例随后会被 Java 的垃圾收集器所回收。如果再次需要这个 Servlet 处理请求，Servlet 容器会创建一个新的 Servlet 实例。

在整个 Servlet 的生命周期过程中，创建 Servlet 实例、调用实例的 init()和 destroy()方法都只进行一次，当初始化完成后，Servlet 容器会将该实例保存在内存中，通过调用它的 service()方法，为接收到的请求服务。

9.1.5　第一个 Servlet 程序

Servlet 的创建很简单，主要有两种创建方法。第一种创建方法是手写一个普通的 Java 类（这个类继承 HttpServlet 类），再通过手工配置 web.xml 文件；第二种创建方法是通过在 MyEclipse 中可视化创建 Servlet。第一种方法比较烦琐，对于初学者来说，建议使用第二种方法。

使用功能强大的集成开发工具 MyEclipse 创建 Servlet 很方便，下面介绍创建过程。

1. Servlet 的创建

创建 Servlet 时，必须要继承 HttpServlet。HttpServlet 作为一个抽象类用来创建用户自己的 servlet 时，子类必须重写父类 HttpServlet 中的 doGet()或 doPost()方法中的一个。

【步骤】：

（1）首先在"WebRoot"下创建一个文件夹"ch09"，用来存放第 9 章中的 Web 代码；在包"czmec.cn.news"下创建一个包"ch09"，用来存放第 9 章中的 Java 代码。

（2）右键选中"czmec.cn.news.ch09"包，在弹出的快捷菜单中选择"new"→"Servlet"命令，如图 9-7 所示。

（3）在弹出的对话框中输入新建的 Servlet 所在的包及类名，选中 doGet()和 doPost()两个复选框，如图 9-8 所示。

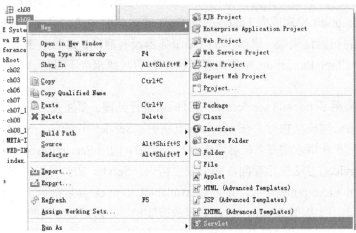

图 9-7　Servlet 创建（一）

图 9-8　Servlet 创建（二）

（4）单击图 9-8 中的"Next"按钮，对 Servlet 进行可视化配置。对初学者来说，只要选中"Generate/Map web.xml file"复选框，其他内容默认，然后单击"Finish"按钮，即可创建一个 Servlet，并将 Servlset 相关配置写到"web.xml"文件中，如图 9-9 所示。

图 9-9　Servlet 创建（三）

至此，一个 Servlet 就创建完成了。自动生成的 Servlet 代码如下所示：

```
1.    package czmec.cn.news.ch09.servlet;
2.    import java.io.IOException;
3.    import java.io.PrintWriter;
4.    import javax.servlet.ServletException;
5.    import javax.servlet.http.HttpServlet;
6.    import javax.servlet.http.HttpServletRequest;
7.    import javax.servlet.http.HttpServletResponse;
8.    public class HelloServlet extends HttpServlet {
9.
10.       /**
11.        * The doGet method of the servlet. <br>
12.        *
13.        * This method is called when a form has its tag value method equals to get.
14.        *
15.        * @param request the request send by the client to the server
16.        * @param response the response send by the server to the client
17.        * @throws ServletException if an error occurred
```

```
18.            * @throws IOException if an error occurred
19.            */
20.           public void doGet(HttpServletRequest request, HttpServletResponse response)
21.                   throws ServletException, IOException {
22.
23.                response.setContentType("text/html");
24.                PrintWriter out = response.getWriter();
25.                out
26.                        .println("<!DOCTYPE HTML PUBLIC \"-//W3C//DTD HTML 4.01
      Transitional//EN\">");
27.                out.println("<HTML>");
28.                out.println("  <HEAD><TITLE>A Servlet</TITLE></HEAD>");
29.                out.println("  <BODY>");
30.                out.print("    This is ");
31.                out.print(this.getClass());
32.                out.println(", using the GET method");
33.                out.println("  </BODY>");
34.                out.println("</HTML>");
35.                out.flush();
36.                out.close();
37.           }
38.
39.           /**
40.            * The doPost method of the servlet. <br>
41.            *
42.            * This method is called when a form has its tag value method equals to post.
43.            *
44.            * @param request the request send by the client to the server
45.            * @param response the response send by the server to the client
46.            * @throws ServletException if an error occurred
47.            * @throws IOException if an error occurred
48.            */
49.           public void doPost(HttpServletRequest request, HttpServletResponse response)
50.                   throws ServletException, IOException {
51.
52.                response.setContentType("text/html");
53.                PrintWriter out = response.getWriter();
54.                out
55.                        .println("<!DOCTYPE HTML PUBLIC \"-//W3C//DTD HTML 4.01
      Transitional//EN\">");
```

```
56.            out.println("<HTML>");
57.            out.println("   <HEAD><TITLE>A Servlet</TITLE></HEAD>");
58.            out.println("   <BODY>");
59.            out.print("       This is ");
60.            out.print(this.getClass());
61.            out.println(", using the POST method");
62.            out.println("   </BODY>");
63.            out.println("</HTML>");
64.            out.flush();
65.            out.close();
66.        }
67.    }
```

从上述自动生成的代码可以看出，Servlet "HelloServlet.java" 继承了 "HttpServlet"，实现了 "HttpServlet" 中的两个方法（"doGet()" 和 "doPost()"），而两个方法都通过使用 PrintWriter 对象中的 println() 方法将大量的字符串打印输出到客户端，包括很多 Html 标记。

2．Servlet 的配置

要使 Servlet 能够正常运行，必须要对其进行配置。

图 9-1 其实是对 Servlet 的可视化配置，配置的内容被写入到了部署描述文件 "web.xml" 中。

web.xml 文件非常重要，在程序运行 Servlet 时充当一个"总调度"的角色，它会告诉 Servlet 容器如何调用及运行 Servlet 和 JSP 文件。

打开 web.xml 文件，查看生成的 Servlet 配置代码：

```
1.    <?xml version="1.0" encoding="UTF-8"?>
2.    <web-app version="2.5"
3.        xmlns="http://java.sun.com/xml/ns/javaee"
4.        xmlns:xsi="http://www.w3.org/2001/XMLSchema-instance"
5.        xsi:schemaLocation="http://java.sun.com/xml/ns/javaee
6.        http://java.sun.com/xml/ns/javaee/web-app_2_5.xsd">
7.      <servlet>
8.        <description>This is the description of my J2EE component</description>
9.        <display-name>This is the display name of my J2EE component</display-name>
10.       <servlet-name>HelloServlet</servlet-name>
11.       <servlet-class>czmec.cn.news.ch09.servlet.HelloServlet</servlet-class>
12.     </servlet>
13.
14.     <servlet-mapping>
15.       <servlet-name>HelloServlet</servlet-name>
16.       <url-pattern>/servlet/HelloServlet</url-pattern>
17.     </servlet-mapping>
18.     <welcome-file-list>
```

19.　　　　　　<welcome-file>index.html</welcome-file>

20.　　　　</welcome-file-list>

21.　　</web-app>

在 web.xml 文件中，使用两个 XML 元素（<servlet>和<servlet-mapping>）将用户访问的 URL 映射到对应的 Servlet。其中，<servlet-mapping>将用户访问的 URL 映射到 Servlet 的内部名，<servlet>元素将 Servlet 内部名映射到一个 Servlet 类名（包名+类名），如图 9-10 所示。

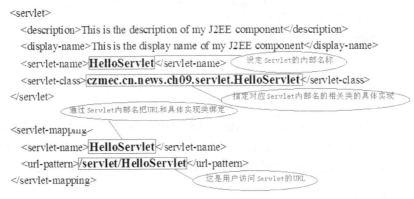

图 9-10　Servlet 配置说明

对于上述配置，读者可以进行如下理解：当客户端发送一个请求的 URL 指定到<servlet-mapping>中的<url-pattern>值时，容器就会根据相应的<servlet-name>值去查找<servlet>范围内的<servlet-name>对应的<servlet-class>实现类，如果找到了，则去执行该类中的 doGet()或 doPost()方法，对用户的请求数据进行处理。

3. Servlet 的部署及运行

和 JSP 一样，Servlet 程序也需要部署到 Tomcat 容器中才能运行，部署 Servlet 方法和部署 JSP 一样。

当 Web 程序在 Tomcat 容器中部署成功后，在浏览器中输入 http://localhost:8080/NewsReleaseSystem/servlet/HelloServlet 并按<Enter>键，可以看到如图 9-11 所示的界面。

图 9-11　Servlet 运行界面

9.1.6　Servlet 的编程模式

Servlet 常见的编程模式有 3 种，即直接访问、超链接模式和表单模式。

（1）直接访问。

可以在地址栏中直接输入 Servlet 的 URL 进行访问。例如，图 9-11 运行界面输入的地址：

http://localhost:8080/NewsReleaseSystem/servlet/HelloServlet

上述输出界面中出现了"using the GET method"，可见这种访问模式是通过调用 Servlet 中的 doGet()方法实现的。

（2）超链接模式。

可以在页面的超链接中访问 Servlet，代码如下所示：

<a href = "servlet/HelloServlet" >点我进入 Servlet 世界</a>

当在页面中单击"点我进入 Servlet 世界"时，页面自动跳转运行 Servlet。

（3）表单处理模式。

当提交表单时，也可以跳转到 Servlet 来处理相关操作。代码如下所示：

```
<form method ="get" action ="servlet/HelloServlet" >

  …

</form>
```

上述代码显示，当提交表单时，将会提交到"/servlet/HelloServlet"。由于 form 表单中指定了"get"的提交方式，则调用 Servlet 中的 doGet 方法来处理；如果在 form 表单中指定"post"的提交方式，则会自动调用 Servlet 中的 doPost 方法来处理请求。

（4）在 Servlet 中实现页面转发

在 Servlet 中实现页面转发主要利用 RequestDispatcher 接口来实现。RequestDispatcher 接口可以把一个请求转发到另一个 JSP 页面、Servlet 资源或 HTML 页面。

页面转发使用该接口下的 forward()方法实现。forward()方法用于把请求转发到服务器上的另一个资源来处理，其语法格式如下：

requestDispatcher.forward(HttpServletRequest request, HttpServletResponse response);

其中，requestDispatcher 为 RequestDispatcher 对象的实例。

9.1.7　Servlet 的中文乱码问题

当将上述"HelloServlet.java"Servlet 中的 doGet 方法中加入显示中文后，运行 ch09_1 文件夹中的 index.jsp 页面，运行界面如图 9-12 所示。

当单击图 9-12 中的"点我进入 Servlet 世界"超链接后，将进入如图 9-13 所示的界面。

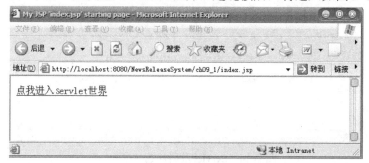

图 9-12　超链接调用 Servlet

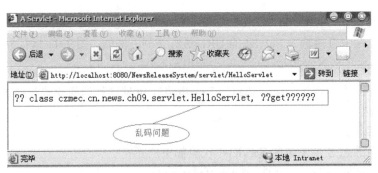

图 9-13　Servlet 乱码问题（一）

打开 HelloServlet.java，修改 doGet 方法，使用 HttpServletResponse 对象中的 setContent Type() 方法设置输出为中文方式，可以解决中文乱码问题，部分代码如下所示：

```
1.       public void doGet(HttpServletRequest request, HttpServletResponse response)
2.            throws ServletException, IOException {
3.         response.setContentType("text/html;charset=gbk");
4.         PrintWriter out = response.getWriter();
5.         out
6.              .println("<!DOCTYPE HTML PUBLIC \"-//W3C//DTD HTML 4.01
     Transitional//EN\">");
7.         out.println("<HTML>");
8.         out.println("  <HEAD><TITLE>A Servlet</TITLE></HEAD>");
9.         out.println("  <BODY>");
10.        out.print("    这是");
11.        out.print(this.getClass());
12.        out.println("，使用get方法进行处理");
13.        out.println("  </BODY>");
14.        out.println("</HTML>");
15.        out.flush();
16.        out.close();
17.     }
```

处理后，运行界面如图 9-14 所示。

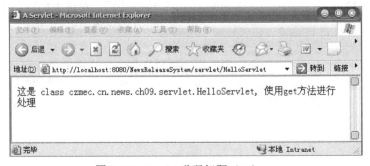

图 9-14　Servlet 乱码问题（二）

9.2　Servlet 的会话跟踪技术

在 Web 服务器端编程中，会话状态管理是一个必须考虑的重要问题。

9.2.1　HTTP 协议

人和人之间的对话和沟通是使用"人类语言"进行的。计算机之间的数据传递是通过通信协议实现的。客户端的请求和服务器之间的响应通过 Internet 从一台计算机发送到另一台计算机或服务器，使用的就是超文本传输协议 HTTP。

在网络发展初期为了不占用更多的宽带资源，HTTP 协议被设计成了一种无状态协议。即当客户端需要与服务器建立一个连接时，客户端将发出一个请求给服务器，服务器收到请求并对客户端作出响应后，服务器则关闭客户端和服务器之间的连接。这就意味着当客户端和服务器之间的请求和响应结束后，在服务器上并不保存任何客户端的信息。这会给实际应用程序带来很多严重的问题：例如，基于 Web 开放式的电子邮件系统在某一个时间点内会有若干个客户以自己的合法账号登录邮件系统，并进行查看、收信、写信以及发信等一些列操作，在这个过程中，Web 服务器必须能判断发出请求者的身份是张三还是王五，这样才能返回与这个客户相对应的数据。

如果仅使用 HTTP 协议是无法实现对用户的状态进行跟踪的。这就需要 Servle 的会话跟踪技术。Java Servlet API 中引入了 Session 机制来跟踪客户的状态。

9.2.2　会话定义及跟踪机制

会话（session）是指在一段时间内，某一个客户与 Web 服务器之间一连串相关的交互过程。当前浏览器和服务器之间的多次请求和响应关系被称为一次会话。在一个会话中，客户可能会多次请求访问同一个网页，也可能请求各种不同的服务器资源。

在 Servlet API 中有一个 HttpSession 接口，该接口存在于 javax.servlet.http 包中。每一个 Servlet 容器（如 Tomcat）都必须实现这个接口。当一个 session 会话开始时，Servlet 容器就会创建一个 HttpSession 对象，用来存放客户状态信息，容器此时会为每一个 HttpSession 对象分配一个唯一的标识，称为 sessionID；Servlet 容器把 sessionID 保存在客户端的浏览器里，这样，每次客户发出一个 HTTP 请求时，Servlet 容器就可以从 HttpSession 对象中读取 sessionID，然后根据 sessionID 找到相应的 HttpSession 对象，进而获取客户的状态信息。

9.2.3　会话的创建和使用

javax.servlet.http.HttpServlet 类是 Servlet 提供会话跟踪的解决方案。会话的创建有以下两种方式：

HttpSession session = HttpServletRequest.getSession(true);

HttpSession session = HttpServletRequest.getSession( );

上述两种方式的区别在于：第一种方法带参数，当参数为真时，如果存在与当前请求相关的会话，就返回该会话，否则就创建一个新的会话并返回；当参数为假时，如果存在与当前请求相关的会话则返回，否则就返回 null。第二种方法等同于第一种方法中参数为 true 的情况。

HttpSession 接口中常用的方法，如表 9-7 所示。

表 9-7　HttpSession 接口中常用的方法

类　别	方　法	说　明
属性	getAttribute(string name)	获取一个属性值
	getAttributeNames(string names)	获取所有属性名称
	removeAttribute(string name)	删除一个属性
	setAttribute(string name,Object value)	添加一个属性
会话值	getCreationTime()	获取会话首次创建时间
	getId()	获取每个会话所对应的唯一标识符
	getLastAccessedTime()	获取最后一次访问时间，单位为毫秒
	getMaxInactiveInterval()	获得最大获得时间间隔
	isNew()	判断 session 是否失效
	setMaxInactiveInterval()	设置最大的不活动间隔，单位是秒
生命周期	Invalidate()	释放会话

setAttribute（string name,Object value）是把一个对象 value 保存在 HttpSession 对象中，并为其指定引用名为 name。当需要使用已经存储在 session 对象中的数据时，可以使用 getAttribute（string name）方法获取数据，其中 name 是在存入数据时指定的名字。在使用时需要注意的是，getAttribute()方法的返回值是 Object 类型的，需要在将数据取出后进行类型的强制转换。具体实例可参见下面的网页计数器案例，主要代码如下所示：

```
1.      package czmec.cn.news.ch09.servlet;
2.      import java.io.IOException;
3.      import java.io.PrintWriter;
4.      import javax.servlet.ServletException;
5.      import javax.servlet.http.HttpServlet;
6.      import javax.servlet.http.HttpServletRequest;
7.      import javax.servlet.http.HttpServletResponse;
8.      import javax.servlet.http.HttpSession;
9.      public class Counter extends HttpServlet {
10.         public void doGet(HttpServletRequest request, HttpServletResponse response)
11.             throws ServletException, IOException {
12.
13.             //设置中文输出编码
14.             response.setContentType("text/html;charset=gbk");
15.             //创建一个session
16.             HttpSession session = request.getSession(true);
17.             Object count = session.getAttribute("Counter");
18.             int counter = 0;
```

```
19.                 if(count == null)
20.                 {
21.                     counter = 1;
22.                     //将第一次计数值存入session中
23.                     session.setAttribute("Counter", new Integer(1));
24.                 }
25.                 else
26.                 {
27.                     counter = ((Integer)count).intValue();
28.                     //将计数加1
29.                     counter= counter+1;
30.                     //将计数存入session中
31.                     session.setAttribute("Counter", new Integer(counter));
32.                 }
33.                 PrintWriter out = response.getWriter();
34.                 out.println("欢迎光临，你是第" + counter + "个访问本站者！！！ ");
35.                 out.flush();
36.                 out.close();
37.         }
38.
39.         public void doPost(HttpServletRequest request, HttpServletResponse response)
40.                     throws ServletException, IOException {
41.
42.             doGet(request,response);
43.         }
44.     }
```

Servlet 的配置代码如下所示：

```
1.      <servlet>
2.        <description>This is the description of my J2EE component</description>
3.        <display-name>This is the display name of my J2EE component</display-name>
4.        <servlet-name>Counter</servlet-name>
5.        <servlet-class>czmec.cn.news.ch09.servlet.Counter</servlet-class>
6.      </servlet>
7.      <servlet-mapping>
8.        <servlet-name>Counter</servlet-name>
9.        <url-pattern>/servlet/Counter</url-pattern>
10.     </servlet-mapping>
```

在浏览器中输入地址 http://localhost:8080/NewsReleaseSystem/servlet/Counter 后，页面效果如图 9-15 所示。

图 9-15　HttpSession 的使用（一）

当刷新页面 2 次后，页面效果如图 9-16 所示。

图 9-16　HttpSession 的使用（二）

9.2.4　会话生存周期

（1）session 的创建。

浏览器访问服务器时，服务器为每个浏览器创建不同的 session 对象。

（2）session 的关闭。

以下 3 种情况可以关闭 session：

1）调用 session. invalidate()方法，使 session 对象失效。

2）访问时间间隔大于非活动时间间隔，session 对象失效。

3）关闭浏览器时，session 对象失效。

当 session 失效后，服务器会清空当前浏览器相关的数据信息。

9.3　基于 Servlet 技术的 MVC 设计模式

9.3.1　纯 JSP 编程模式的缺点

（1）代码重用性低。

在开发 Web 应用程序时，如果采用纯 JSP 技术进行编程，需要将几乎所有的 Java 代码都以小脚本的形式嵌入到 JSP 页面中，如访问数据库的代码、业务功能代码以及逻辑代码。例如，在编写"新闻发布系统"的用户登录验证功能时，loginMiddle.jsp 页面的代码如下所示：

```
1.   <%@ page language="java" import="java.util.*,czmec.cn.news.ch08.Entity.*" pageEncoding="GBK"%>
2.   <%@ page import="czmec.cn.news.ch08.Dao.*,czmec.cn.news.ch08.Dao.DaoImpl.*" %>
3.   <%
4.       String userName = request.getParameter("username");
5.       String userpass = request.getParameter("password");
6.       UserInfo userInfo = new UserInfo();
7.       userInfo.setUserLoginName(userName);
8.       userInfo.setUserPassword(userpass);
9.       UserDao userDao = new UserDaoImpl();
10.      UserInfo userLogin = null;
11.      userLogin = userDao.userLogin(userInfo);
12.      if(userLogin == null)
13.      {
14.          response.sendRedirect("login.jsp");
15.      }
16.      else
17.      {
18.          //在session中存放用户信息
19.          session.setAttribute("login_user",userLogin);
20.      response.sendRedirect("index.jsp");
21.      }
22.
23.  %>
```

　　上述代码的第 11～20 行是页面逻辑控制代码，也被放进了 JSP 页面中。JSP 技术主要是简化页面的开发的，在页面显示逻辑方面做得较好，现在把页面控制逻辑也放到了页面中，使得页面内容很臃肿，结构不清晰。

　　（2）页面的维护性差。

　　所谓 JSP 页面其实就是在 HTML 页面中嵌入一些 Java 脚本，使得原来静态的页面可以和用户进行交互，这的确是一个很大的技术进步。但是，当这个页面的功能很复杂时，势必会导致嵌入页面中的 Java 脚本很多，这就意味着嵌入页面中的大量的、不规则的 Java 脚本、表达式等将原来很规整的 HTML 标签元素划分成一些零散的块，如第 8 章中的 NewsTitleBarList.jsp 页面的部分代码：

```
1.   <table width="100%"   cellspacing="0" cellpadding="0"   class="admintable">
2.       <tr>
3.           <td colspan="5" id="title2"><div align="left"><img
     src="./images/Forum_readme.gif"></img><font size="3">新闻栏目列表</font></div></td>
4.       </tr>
5.       <tr>
6.           <td   height="29" class="admintd">
```

```
7.          <div align="center">新闻栏目ID</div>
8.        </td>
9.       <td  height="29" class="admintd">
10.         <div align="center">新闻栏目名称</div>
11.       </td>
12.       <td  height="29" class="admintd">
13.         <div align="center">栏目创建者</div>
14.       </td>
15.       <td  height="29" class="admintd">
16.         <div align="center">创建时间</div>
17.       </td>
18.     <td   height="29" class="admintd">
19.        <div align="center">有效性</div>
20.       </td>
21.     </tr>
22.     <%
23.         //创建一个NewsTitleBarDaoImpl类并指向接口NewsTitleBarDao
24.         NewsTitleBarDao newsTitleBarDao = new NewsTitleBarDaoImpl();
25.         //创建一个NewsTitleBar实体类对象
26.         NewsTitleBar   newsTitleBar = new NewsTitleBar();
27.         String titlename = "";
28.         if(request.getParameter("titlename")!= null )
29.         {
30.           if((request.getParameter("titlename")).trim() !="")
31.           {
32.            titlename = new
               String(request.getParameter("titlename").getBytes("iso-8859-1"),"GBK");
33.           }
34.         }
35.       newsTitleBar.setTitleBarName(titlename);
36.     //调用newsTitleBarDao对象中的barSelectListByTitleName()方法实现新闻栏目的查询
37.       List newTitleBarList = newsTitleBarDao.barSelectListByTitleName(newsTitleBar);
38.     %>
39.
40.     <%
41.       if(newTitleBarList.size() ==0)
42.       {
43.     %>
44.     <tr>
45.         <td  valign="middle" align="right" height="29"   class="admincls0" colspan="5">
46.         <div align="center">查询结果为空</div>
```

```
47.        </td>
48.
49.      </tr>
50.      <%
51.          }else//查询的结果不为空
52.          {
53.              for(int i=0;i<newTitleBarList.size();i++)
54.              {
55.                  NewsTitleBar bar = (NewsTitleBar) newTitleBarList.get(i);
56.      %>
57.      <tr>
58.       <td    align="center"    class="admincls0">
59.          <div align="center"><%=bar.getTitleBarID() %></div>
60.       </td>
61.       <td    align="center"    class="admincls0">
62.          <div align="center"> <%=bar.getTitleBarName() %>  </div>
63.       </td>
64.       <td    align="center"    class="admincls0">
65.          <div align="center"> <%=bar.getUserName() %>   </div>
66.       </td>
67.       <td    align="center"    class="admincls0">
68.          <div align="center"> <%=bar.getCreateDate() %>   </div>
69.       </td>
70.       <td    align="center"    class="admincls0">
71.          <div align="center"> <%=bar.getYxx() %>    </div>
72.       </td>
73.      </tr>
74.      <%
75.          }
76.          }
77.      %>
78.     </table>
```

上面第 22～43 行、第 50～56 行、第 74～77 行的黑体代码将表格的行间隔开来，不容易读，给 Java 语言的页面维护带来了很大的挑战。

从上面可以看出，使用纯 JSP 技术开发 Web 应用系统还有很大的不足，这就需要程序员尽量减少页面中的 Java 代码，将业务功能代码放到后台 Java 中、将逻辑代码（页面流程控制）放在 Servlet 中，而 JSP 页面仅仅用来显示数据。这就做到了业务功能代码、逻辑代码、显示代码的分离，这就是经典的 MVC 设计模式。

9.3.2 设计模式

设计模式（Design Pattern）是一套被反复使用、多数人知晓的、经过分类编目的代码设计经验的总结。使用设计模式是为了可重用代码、让代码更容易被他人理解、保证代码可靠性。

软件初学者在项目中使用设计模式，可以编写出结构完善、质量高的软件。

传统的设计模式分为三大类（共 23 种）。

（1）创建型模式：单例模式、抽象工厂模式、建造者模式、工厂模式、原型模式。

（2）结构型模式：适配器模式、桥接模式、装饰模式、组合模式、外观模式、享元模式、代理模式。

（3）行为型模式：模板方法模式、命令模式、迭代器模式、观察者模式、中介者模式、备忘录模式、解释器模式、状态模式、策略模式、职责链模式、访问者模式。

目前最被程序员推崇、最流行的软件设计模式是 MVC 设计模式。下面将对 MVC（模型-视图-控制器）设计模式进行详细的讲解。

9.3.3 MVC 设计模式

MVC（Model View Controller）模式是国外用得比较早的一种设计模式，最早是在 Smalltalk 中出现的。其中 Model 代表应用程序的核心，封装了应用程序的数据结构和事务逻辑，集中体现了应用程序的状态。View 代表屏幕的表示，是应用程序的外在表现，可以访问模型中的数据。Control 则控制整个框架中各个组件的协调工作，对用户的输入作出反应，并且将模型和视图联系在一起。当 Model 发生变化的时候，通知 View 改变；在 View 需要查询状态的时候，向 Model 发送请求；当 View 作出一个动作时（如对数据的修改等），将会通知 Controller；Controller 得到状态改变信息时，发送请求给 Model，并且 Controller 负责选择显示新的视图。模型、视图、控制器三者的关系和各自的功能如图 9-17 所示。

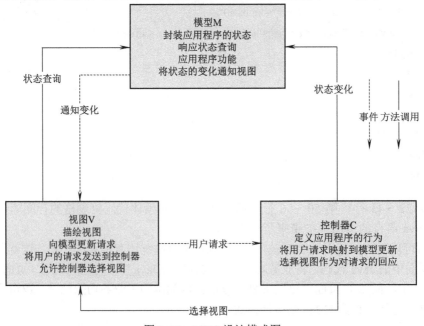

图 9-17　MVC 设计模式图

MVC 设计模式共分为以下 3 层。

1）模型 Model：代表应用程序的业务逻辑状态。

2）视图 View：提供可交互的用户界面，向客户展示模型中的数据。

3）控制器 Control：响应客户请求，根据客户的请求来操作模型并把模型的响应结果经由视图呈现给客户端。

Web 应用程序实现 MVC 设计模式的策略有多种，可以直接采用 JSP+Servlet+JavaBean 来实现，也可以使用现存的框架（如 Struts 和 JSF）来实现。

采用 MVC 设计模式有以下好处：

1）各就其职、互不干涉。

3 个层互不干涉，即如果某一层的需求发生变化，只需更改相应层的代码，其他层影响很少。

2）分工明确。

由于分层，网页设计人员可以开发 JSP 页面，对业务熟悉的开发人员进行业务功能的开发，其他人员做逻辑控制的开发。

3）组件重用。

MVC 模式的最重要的特点就是将页面显示和数据分离，这样就增加了个模块的可重用性。

9.3.4 基于 JSP_Servlet_JavaBean 实现 MVC 模式

采用 JSP_Servlet_JavaBean 来实现 MVC 设计模式，可以进行如下设计：

1）模型层 Model 使用 JavaBean 来实现。Java 类可以分两种，一种专门用来封装页面中的数据，另一种专门用来封装业务功能代码。

2）视图层 View 可以使用 JSP 来充当。

3）控制层 Control 使用 Servlet 组件来实现。

图 9-18 所示是基于 JSP_Servlet_JavaBean 组件实现 MVC 设计模式的经典编程模式。

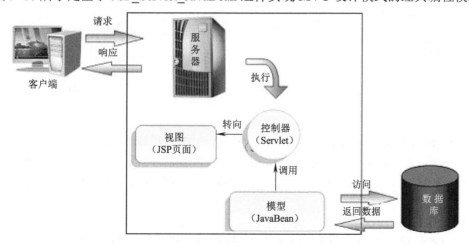

图 9-18 MVC 编程模式

当客户端发出请求后，控制器首先接受用户的请求，并决定应该调用哪一个模型来进行处理；然后，模型根据客户端请求进行相应的业务功能逻辑处理，在这一过程中可能会访问数据库，从数据库中取出所需数据，并将数据返回到控制器；最后，控制器根据返回的结果来决定调用哪一个视图来呈现模型中的数据给客户端。

下面基于 JSP_Servlet_JavaBean 的 MVC 设计模式模拟一个登录验证。

步骤如下：

1）在 ch09_1 文件夹下创建一个登录界面 login.jsp，修改其中的代码：

```
1.    <form action="servlet/LoginServlet" method="post">
2.           用户名：<input type="text" value="" name = "userName"><br/>
3.           密    码：  <input type="password" value="" name = "userPass"><br/>
4.    <input type="submit" value="登录 "/>
5.    </form>
```

上述代码中的 form 的 action 的值为"servlet/LoginServlet"，这是配置在 web.xml 文件中的 Servlet 的 URL。

2）将"czmec.cn.news.ch08.Entity"包下的类 UserInfo.java 选中并复制到"czmec.cn.news.ch09.entity"包下。该类用来充当 MVC 模式中的模型，用来封装页面中的用户数据信息，如用户名和密码。该过程会使用到类中的两个属性，即 userLoginName 和 userPassword（代码略）。

3）在"czmec.cn.news.ch09.Dao"包下创建一个 JavaBean——UserLogin.java，用来封装用户登录的行为，部分代码如下所示：

```
1.     public class UserLogin {
2.
3.     public boolean Login(UserInfo user)
4.     {
5.         if(user.getUserLoginName().equals("shl" )&& user.getUserPassword().equals("shl"))
6.         {
7.              return true;
8.         }
9.         else
10.        return false;
11.    }
12.  }
```

4）在"czmec.cn.news.ch09.servlet"包下创建一个控制器 Servlet——UserServlet.java。该控制器是 MVC 的核心，用来处理逻辑功能，即页面的跳转路径。当用户在登录页面中输入用户名和密码，单击"登录"按钮后，页面将会被提交到控制器 UserServlet。部分代码如下所示：

```
1.    public class LoginServlet extends HttpServlet {
2.         public void doGet(HttpServletRequest request, HttpServletResponse response)
3.                     throws ServletException, IOException {
4.             doPost(request,response);
5.         }
6.
7.         public void doPost(HttpServletRequest request, HttpServletResponse response)
```

```
8.                      throws ServletException, IOException {
9.
10.             response.setContentType("text/html;charset=gbk");
11.             String name = request.getParameter("userName");
12.             String pass = request.getParameter("userPass");
13.             UserInfo user = new UserInfo();
14.             user.setUserLoginName(name);
15.             user.setUserPassword(pass);
16.             UserLogin userLogin = new UserLogin();
17.             boolean rtn = userLogin.Login(user);
18.             if(rtn == true)
19.             {
20.                      request.getRequestDispatcher("../ch09_1/success.jsp").forward(request, response);
21.             }
22.             else
23.             {
24.                      request.getRequestDispatcher("../ch09_1/error.jsp").forward(request, response);
25.             }
26.        }
27.
28.   }
```

这个控制器所做的事情如下：首先获取页面中用户提交的数据（用户名和密码），然后将用户名和密码封装到模型 UserInfo 中，接下来控制器将调用模型 UserLogin 中的登录方法 Login(user)实现用户登录验证，调用完后结果被重新返回到控制器 UserServlet 中，控制器将根据返回的结果进行页面的跳转。若结果为 true，则将页面跳转到 success.jsp；若结果为 false，则将页面跳转到 error.jsp。

运行页面如图 9-19 和图 9-20 所示。

图 9-19　MVC 模式实现用户登录验证（一）

图 9-20　MVC 模式实现用户登录验证（二）

9.4 引入 Servlet 技术继续升级及优化"新闻发布系统"

9.4.1 开发任务

基于 Servlet 技术继续升级"新闻发布系统"。

任务一：基于 MVC 模式实现"新闻发布系统"的用户注册功能。

任务二：当系统注册成功后直接跳转到新闻浏览页面（前端页面），记住用户身份状态。

训练技能点：

1）会使用 Servlet 处理 Get/Post 请求。

2）会使用 Servlet 处理页面的转向。

3）会使用基于 JSP+Servlet+JavaBean 实现 MVC 设计模式。

4）使用 HttpServletRequest 和 HttpServletResponse 对象进行参数接收、字符编码方式的设置、页面转发等。

5）会使用 HttpSession 会话跟踪技术存取用户的状态。

9.4.2 具体实现

任务一：基于 MVC 模式实现"新闻发布系统"的用户注册功能

【步骤】：

（1）将"czmec.cn.news.ch08"包下的所有内容都复制到"czmec.cn.news.ch09"包下。注意，复制后将原来引用 ch08 的资源都修改成引用 ch09 的资源。

（2）在"WebRoot"文件夹下创建"ch09"文件夹，首先将"ch08"文件夹下的所有资源都复制到"ch09"下。注意复制过来的文件中的资源引用修改为 ch09 的资源引用。

（3）在"ch09"文件夹下创建一个用户注册页面 UserRegister.jsp，信息验证的 JavaScript 代码如下所示：

```
1.    <title>新用户注册</title>
2.    <link rel="stylesheet" href="CSS/linkstyle.css" type="text/css" />
3.    <script language="JavaScript" type="">
4.      function checkUserInfo()
5.      {
6.        if(form1.userRealName.value ==null || form1.userRealName.value=="")
7.        {
8.            alert("请输入用户真名!");
9.            return false;
10.       }
11.      else if(form1.userLoginName.value ==null || form1.userLoginName.value=="")
12.       {
13.           alert("请输入用户账号!");
14.           return false;
15.       }
```

```
16.      else if(form1.password.value ==null || form1.password.value=="")
17.      {
18.          alert("请输入用户密码!");
19.          return false;
20.      }
21.      else if(form1.password.value !=form1.password2.value)
22.      {
23.          alert("两次输入的密码不一致！");
24.          return false;
25.      }
26.      else
27.      {
28.          return true;
29.      }
30.  }
31.  </script>
```

其他核心代码如下所示：

```
1.   <BODY >
2.      <%
3.        Common common = new Common();
4.        String strCurrentDate = common.getSystemCurrentDate();
5.      %>
6.      <h1 align="center" id="title">用户注册<br></h1>
7.      <form name="form1" method="post" action="../servlet/RegisterServlet">
8.      <table width="100%" cellspacing="1" cellpadding="0"    class="admintable">
9.        <tr>
10.           <td   height="29" class="admintd">
11.               <div align="right">用户真名</div>
12.               </td>
13.                   <td   valign="middle" align="left" height="29" class="admincls0">
14.                       <div align="left"><input type="text" name="userRealName" size="20"
     value=""><font color="red"> *</font></div>
15.               </td>
16.           <td   height="29" class="admintd">
17.               <div align="right">出生日期</div>
18.               </td>
19.                   <td   valign="middle" align="left" height="29" class="admincls0">
20.           <div align="left"><input type="text" name="birth" size="20" value=""></div>
21.               </td>
22.         </tr>
23.         <tr>
24.           <td   height="29" class="admintd">
25.               <div align="right">通信地址</div>
```

26.	`</td>`
27.	`<td  valign="middle" align="left" height="29" class="admincls0">`
28.	`<div align="left"><input type="text" name="address" size="20" value=""></div>`
29.	`</td>`
30.	`<td  height="29" class="admintd">`
31.	`<div align="right">（电话）手机</div>`
32.	`</td>`
33.	`<td  valign="middle" align="left" height="29" class="admincls0">`
34.	`<div align="left"><input type="text" name="tel" size="20" value=""></div>`
35.	`</td>`
36.	`</tr>`
37.	`<tr>`
38.	`<td  height="29" class="admintd">`
39.	`<div align="right">用户账号</div>`
40.	`</td>`
41.	`<td  valign="middle" align="left" height="29" class="admincls0">`
42.	`<div align="left"><input type="text" name="userLoginName" size="20" value=""><font color="red"> *</font></div>`
43.	`</td>`
44.	`<td  height="29" class="admintd">`
45.	`<div align="right">用户密码</div>`
46.	`</td>`
47.	`<td  valign="middle" align="left" height="29" class="admincls0">`
48.	`<div align="left"><input type="password" name="password" size="20" value=""><font color="red"> *</font></div>`
49.	`</td>`
50.	`</tr>`
51.	`<tr>`
52.	`<td  height="29" class="admintd">`
53.	`<div align="right">验证密码</div>`
54.	`</td>`
55.	`<td  valign="middle" align="left" height="29" class="admincls0">`
56.	`<div align="left"><input type="password"   name="password2" size="20" value=""><font color="red"> *</font></div>`
57.	`</td>`
58.	`<td  height="29" class="admintd">`
59.	`<div align="right">性别</div>`
60.	`</td>`
61.	`<td  valign="middle" align="left" height="29" class="admincls0">`
62.	`<div align="left">`
63.	`<select name="sex" id="sex" >`
64.	`<option>1-男</option>`
65.	`<option>0-女</option>`
66.	`</select>`
67.	`</div>`
68.	`</td>`

```
69.              </tr>
70.
71.              <tr>
72.                  <td  height="29" class="admintd">
73.                      <div align="right">Email</div>
74.                  </td>
75.                  <td  valign="middle" align="left" height="29" class="admincls0">
76.                      <div align="left"><input type="text"   name="e" size="20" value=""></div>
77.                  </td>
78.                  <td  height="29"   class="admintd">
79.                      <div align="right">注册时间</div>
80.                  </td>
81.                  <td  height="29"  align="left"  class="admincls0">
82.                  <div align="left"><input type="text" name="registerDate" size="20" value="<%=
     strCurrentDate %>" readonly="readonly"></div>
83.                  </td>
84.              </tr>
85.              <tr>
86.                  <td align="center" colspan="4">
87.                      <div align="center"><input type="submit" name="Submit2" value="注册" onclick=
     "return   checkUserInfo();">
88.                          <input type="reset" name="Reset" value="重置">
89.                      </div>
90.                  </td>
91.              </tr>
92.          </table>
93.          <p>    </p>
94.          <p align="center">
95.              <font face="隶书" size="4">注意：注册前请认真检查输入是否正确</font><font face="隶书">。
     </font>
96.          </p>
97.      </form>
98.  </BODY>
99.  …
```

设计的页面效果如图 9-21 所示。

图 9-21 用户注册设计效果

207

（4）在"czmec.cn.news.ch09.servlet"包下创建一个 Servlet，名字为 RegisterServlet.java。在这个 Servlet 中要做以下 5 件事情：

1）转换字符编码方式。

2）获取表单 form 中提交的用户注册信息。

3）将这些获取的信息封装在 JavaBean 对象中。

4）调用后台接口 UserDao 中的用户注册方法，实现注册功能，同时将结果返回。

5）根据返回的结果进行页面跳转。

主要代码如下所示：

```
1.    public class RegisterServlet extends HttpServlet {
2.        public void doGet(HttpServletRequest request, HttpServletResponse response)
3.              throws ServletException, IOException {
4.         request.setCharacterEncoding("gbk");
5.         response.setContentType("text/html;charset=gbk");
6.         HttpSession session = request.getSession();
7.         //获取用户输入的数据
8.         String userRealName = request.getParameter("userRealName");
9.         String birth = request.getParameter("birth");
10.        String address = request.getParameter("address");
11.        String tel = request.getParameter("tel");
12.        String userLoginName = request.getParameter("userLoginName");
13.        String password = request.getParameter("password");
14.        String sex = ((request.getParameter("sex")).split("-"))[0];
15.        String email = request.getParameter("email");
16.        String registerDate = request.getParameter("registerDate");
17.        UserInfo registerUser = new UserInfo();
18.        registerUser.setBirth(birth);
19.        registerUser.setEmail(email);
20.        registerUser.setFimallyAddress(address);
21.        registerUser.setRegDate(registerDate);
22.        registerUser.setSex(sex);
23.        registerUser.setTel(tel);
24.        registerUser.setUserLoginName(userLoginName);
25.        registerUser.setUserPassword(password);
26.        registerUser.setUserRealName(userRealName);
27.        UserDao regist = new UserDaoImpl();
28.        int rtn =regist.insertNewsUser(registerUser);
29.        if(rtn == 1)
```

```
30.            {
31.                session.setAttribute("mesg","注册成功！");
32.            }
33.            else
34.            {
35.                session.setAttribute("mesg","注册失败！");
36.            }
37.            response.sendRedirect("../ch09/message.jsp");
38.        }
39.
40.        public void doPost(HttpServletRequest request, HttpServletResponse response)
41.                throws ServletException, IOException {
42.
43.            doGet(request,response);
44.        }
45.
46.    }
```

（5）打开"czmec.cn.news.ch09.Dao.DaoImpl"包下的"UserDaoImpl.java"类，实现类中的"insertNewsUser(userInfo)()"方法，代码如下：

```
1.    public int insertNewsUser(UserInfo user) {
2.        String   sql   = "insert into userInfo(userRealName,sex,birth,fimallyAddress,
              email,tel,userLoginName,userPassword,regDate) values(?,?,?,?,?,?,?,?,?)";
3.        String   time = new SimpleDateFormat("yyyy-MM-dd").format(new Date());
          String[] param = { user.getUserRealName(), user.getSex(),user.getBirth(),
4.             user.getFimallyAddress(),user.getEmail(),user.getTel()
              ,user.getUserLoginName(),user.getUserPassword(),time };
5.        int rtn = this.executeSQL(sql, param);         // 执行SQL，并返回影响行数
6.        if(rtn>0)
7.        {
8.            System.out.println("新用户注册成功。");
9.        }
10.       else
11.       {
12.           System.out.println("新用户注册失败。");
13.       }
14.       return rtn;
15.   }
```

（6）在"ch09"文件夹下创建一个 message.jsp 页面，用于提示用户操作信息

运行界面如图 9-22 所示。

图 9-22　用户注册运行界面

任务二：当系统注册成功后延时跳转到新闻前端页面

为了带给用户更好的体验，当用户注册成功后，显示用户注册成功，延时 5s 后，自动将页面跳转到新闻前端页面，这样就省去了用户注册后再登录的麻烦。这就需要采用延时跳转技术将当前注册用户的身份记住，具体步骤如下。

【步骤】：

（1）当用户注册成功且在页面发生跳转之前，需要将用户身份状态记住，可以使用 session 的会话机制来实现。打开上个任务实现的"regisgerServlet.java"文件，修改部分代码如下所示：

```
1.        …
2.            if(rtn == 1)
3.            {
4.                session.setAttribute("mesg","注册成功！ ");
5.                session.setAttribute("regUser", registerUser);
6.            }
7.        else
8.            {
9.                session.setAttribute("mesg","注册失败！ ");
10.            }
11.            response.sendRedirect("../ch09/message.jsp");
12.        …
```

上述代码中的第 5 行使用 HttpSession 的会话机制，当注册成功后，将当前的注册用户保存到 regUser 中。

（2）打开"message.jsp"页面，修改其中的内容，部分代码如下：

```
1.    <body>
2.        <%
3.            String mesg = (String) session.getAttribute("mesg");
```

```
4.         %>
5.         <h1 align="center"><font size="4" color="red"><%=mesg %></font>请稍等，马上跳转到—新闻前端
           —页面</h1>
6.         <%response.setHeader("refresh","5;URL=NewsDisplay.jsp");%></p>
7.     </body>
```

上述代码的第 6 行使用 response 对象的 setHeader 方法，将页面延时 5s 跳转到 News
Display.jsp 页面。

（3）在"ch09"文件夹下创建一个新闻前端页面"NewsDisplay.jsp"，主要用来显示发布
的新闻内容。代码如下所示：

```
1.     <body>
2.         <%
3.                 request.setCharacterEncoding("gbk");
4.                 response.setContentType("text/html;charset=gbk");
5.                 UserInfo user =(UserInfo) session.getAttribute("regUser");
6.                 if(user!=null)
7.                 {
8.         %>
9.                     欢迎：<%=user.getUserRealName() %>
10.        <%
11.                }
12.        else
13.                {
14.          out.println("你还没登录");
15.                }
16.        %>
17.    </body>
```

当用户注册成功后，将显示注册成功信息，延时 5s 后将自动跳转到新闻前端界面，如
图 9-23 和图 9-24 所示。

图 9-23　用户注册成功后延时跳转（一）

图 9-24　用户注册成功后延时跳转（二）

如果没有注册或登录，则显示如图 9-25 所示的界面。

图 9-25　没有注册或登录的界面

第 10 章　高级 JDBC 技术在"新闻发布系统"中的应用

本章简介

本章介绍了使用 JDBC API 进行数据库编程的缺陷，给出了两种解决问题的办法，即数据库连接池以及基于属性文件的数据库信息配置方法。详细讲解了连接池的定义及原理、数据源、JNDI 配置，属性文件的创建、读取等。

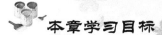

本章学习目标

- 掌握会使用 JNDI 获取数据源。
- 掌握 JNDI 的配置方法。
- 理解数据库连接池的概念。
- 会读取基于属性文件的数据库配置信息。
- 理解基于属性文件的数据库配置或 JNDI 获取数据源的优势。

本章任务

基于 JNDI 技术和属性配置文件继续升级"新闻发布系统"。
- 任务一：基于 JNDI 技术升级"新闻发布系统"Dao。
- 任务二：基于属性配置文件升级"新闻发布系统"Dao。

10.1　使用 JDBC API 进行数据库编程的缺陷

10.1.1　编程模板

基于 JDBC 技术访问数据库的代码如下所示：

```
try {
    Class.forName(JDBC驱动类);
} catch (ClassNotFoundException e) {
    System.out.println("无法找到驱动类");
}
try {
    Connection con=DriverManager.getConnection(JDBC URL,数据库用户名,密码);

    Statement stmt = con.createStatement();
    ResultSet rs = stmt.executeQuery("SELECT a, b, c FROM Table1");

    while (rs.next()) {
        int x = rs.getInt("a");
        String s = rs.getString("b");
        float f = rs.getFloat("c");
    }
    con.close();
} catch (SQLException e) {
    e.printStackTrace();
}
```

上面的代码可总结为以下 7 个步骤：

1）加载 JDBC 驱动。

2）提供 JDBC 连接的 URL。

3）打开数据库，获取数据库连接的 Connection 对象。

4）根据连接对象获取 Statement 对象。

5）执行 SQL 语句。

6）处理结果。

7）关闭数据库相关资源。

10.1.2 存在的问题

上述代码存在以下两大问题：

（1）资源消耗问题。

当执行数据库查询时，不管是对数据库进行的任何一种操作（增、删、改、查），都必须经过上面 7 个经典的步骤。每次访问数据库都要打开数据库，对数据库操作完后，都要关闭数据库。而打开数据库及关闭数据库这些操作都是消耗系统资源的。连接并打开数据库是一件既消耗资源又费时的工作，如果频繁发生这种数据库操作，系统的性能必然会急剧下降，甚至会导致系统崩溃。

（2）数据库配置更改问题。

当一个系统开发完成后，需要将其部署到一台服务器上。但企业因为某些不可抗拒的原因，时常会将系统在不同的服务器或不同的数据库服务器上进行迁移。这就出现了一个问题：配置数据库信息是基于 Java 语言编写的，修改了 Java 源代码，并不能直接运行，还需要将其编译成字节码文件才能运行，而这对于用户来说是非常困难的，这就造成了用户对系统的迁移困难。

当软件开发者面对一个大型的、企业级的项目的时候，由于传统的 JDBC 技术存在上述问题，所以如何开发一个稳健、高效的数据访问层，是摆在软件开发者面前的一大问题。可以采用数据库连接池和属性文件配置数据库信息两种办法去解决上述问题。

10.2 数据库连接池

10.2.1 连接池的定义及原理

连接并打开数据库是一件既消耗资源又费时的工作，如果频繁发生这种数据库操作，系统的性能必然会急剧下降，甚至会导致系统崩溃。

数据库连接池技术是解决这个问题最常用的方法，许多应用程序服务器（如 Weblogic、WebSphere、Boss、Tomcat）都提供支持。连接池是由容器提供的，专门用来管理池子中的数据库连接对象。

数据库连接池技术的思想非常简单，将数据库连接作为对象存储在一个池子（Vector 对象）中，池子初始化时，会放置一定数量的数据库连接对象到这个池子中，不同的数据库访问请求都可以申请使用这些已经存在的连接。这样，通过复用这些已经建立的数据库连接对象，可以克服上述频繁打开、关闭数据库的缺点，极大地节省系统资源和时间。从连接池中获取连接的示意图如图 10-1 所示。

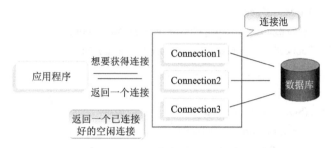

图 10-1　应用程序从连接池中获取连接的示意图

数据库连接池的主要操作如下：

1）建立数据库连接池对象（服务器启动）。

2）按照事先指定的参数创建初始数量的数据库连接（即空闲连接）。

3）对于一个数据库访问请求，直接从连接池中得到一个连接。如果数据库连接池对象中没有空闲的连接，且连接数没有达到最大（即最大活跃连接数），创建一个新的数据库连接。

4）存取数据库。

5）关闭数据库，释放所有数据库连接（此时的关闭数据库连接，并非真正关闭，而是将其放入空闲队列中。如果实际空闲连接数大于初始空闲连接数，则释放连接）。

6）释放数据库连接池对象（服务器停止、维护期间，释放数据库连接池对象，并释放所有连接）。

10.2.2　数据源与 JNDI 资源

数据源（DataSource）存在于包 javax.sql 中，数据源对象由应用服务器（WebSphere、WebLogic、Jboss、Tomcat）负责提供和管理。数据源对象可以通过 JNDI 从连接池中获取。

JNDI（Java Naming And Directory Interface，Java 命名目录接口）是一种将对象和名称相互绑定的技术，是一组帮助做多个命名和目录服务接口的 API。

当容器管理的连接池中有连接对象后，应用程序可以通过 JNDI 来获取该对象。

javax.naming.Context 提供了查找 JNDI resource 的 API，如可以通过 javax.naming.Context 下的 lookup()方法获取名称为 "JDBC/NEWS" 的数据源：

```
Context ctx = new InitialContext();
DataSource ds = (DataSource) ctx.lookup("java:cmp/env/JDBC/NEWS");
```

当获取到数据源 ds 后，就可以使用 ds 对象中的 getConnection()方法获取数据库连接对象。

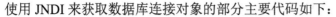

使用 JNDI 来获取数据库连接对象的部分主要代码如下：

```
1.    import javax.naming.Context;
2.    import javax.naming.InitialContext;
3.    import javax.naming.NamingException;
4.    import javax.sql.DataSource;
5.    public class UserBean {
6.        public List getUsers() {
7.            try {
8.                Context ic = new InitialContext();
9.                DataSource source =
10.                   (DataSource)ic.lookup("java:comp/env/jdbc/books");
11.                Connection connection = source.getConnection();
12.                //对数据库进行具体的 CRUD 操作
13.                    ...
14.            } catch (SQLException exception) {
15.                exception.printStackTrace();
16.            }catch (NamingException namingException)
17.                    namingException.printStackTrace();
18.            }finally{    closeConn();    }
19.        }
20.    }
```

上述代码中的第 1～4 行将使用 JNDI 和数据源的相关的包导入进来，第 8～10 行通过 Context 对象获取 DataSource 后，使用 getConnection()方法获取数据库连接对象 Connection，第 16～17 行提示使用 JNDI 获取数据源的时候需要抛出 namingException 异常。

10.2.3 基于 Tomcat 容器的 JNDI 配置

基于 Tomcat 容器的 JNDI 配置有以下 3 个步骤：

（1）context.xml 文件配置。

如果应用服务器采用 Tomcat，则需要在 Tomcat 的 context.xml 文件中进行 Resource 的配置。Resource 属性列表如表 10-1 所示。

表 10-1　Resource 属性列表

属 性 名 称	说　　明
name	指定 Resource 的 JNDI 名称
auth	指定管理 Resource 的 Manager（Container 由容器创建和管理，Application 由 Web 应用创建和管理）
type	指定 Resource 所属的 Java 类
maxActive	指定连接池中处于活动状态的数据库连接的最大数目
maxIdle	指定连接池中处于空闲状态的数据库连接的最大数目
maxWait	指定连接池中的连接处于空闲的最长时间，超过这个时间会抛出异常，取值为–1 表示可以无限期等待
username	指定连接数据库的用户名
password	指定连接数据库的密码
driverClassName	指定连接数据库的 JDBC 驱动
url	指定连接数据库的 url

找到 Tomcat 根目录\conf\context.xml 文件中的<context>节点，添加一个子节点<Resource>，其格式如下所示：

```
<Resource   name="数据源名"
    auth="Container"type="javax.sql.DataSource"   maxActive="  "
    maxIdle="  " maxWait="  "    username="  "    password="  "
    driverClassName="com.microsoft.jdbc.sqlserver.SQLServerDriver"
    url="jdbc:microsoft:sqlserver://localhost:1433;DatabaseName=数据库名称">
<Rescouce/>
```

数据源的名字要命名好，因为在使用 JNDI 查找数据源的时候，就是基于这个名字查找的。

（2）添加数据库驱动文件。

由于数据源是由应用服务器创建并维护的，因此要想成功使用 JNDI 获取数据源并访问数据库成功，必须将数据库的驱动 Jar 包复制到 Tomcat 的 common\lib 文件夹下。

（3）web.xml 文件的配置。

JNDI 在 Tomcat 中配置好后，必须在应用程序的 web.xml 文件的根节点<web-app>下添加一个子节点<.resource-ref>，具体格式如下所示：

```
<resource-ref>
    <res-ref-name> 数据源名</res-ref-name>
    <res-type> javax.sql.DataSource </res-type>
    <res-auth> Container </res-auth>
</resource-ref>
```

<res-ref-name>中的数据源名为引用资源的 JNDI 的名字，必须和 Tomcat 下配置的 Resource 节点中的 name 值相同。

10.3　基于属性文件的数据库信息配置方法

基于 JNDI 查找数据源的方法可以解决大型企业级系统频繁访问数据库带来的大量的资源消耗问题。可以采用基于属性文件的方式对数据库配置信息进行配置。

10.3.1　创建属性文件

可以在项目的 src 目录下创建一个扩展名为"properties"的属性文件。该属性文件是通过"键值对"的形式来存放数据库的配置信息的，"键"和"值"之间通过"="来进行区分，等号的左边是键，右边是对应的值，值不需要用双引号引用。

数据库配置信息在属性文件中的格式如下：

```
1.   driver = com.microsoft.jdbc.sqlserver.SQLServerDriver
2.   url    = jdbc:microsoft:sqlserver://localhost:1433;DatabaseName=数据库名称
3.   user   = sa
4.   password = sa
5.
```

10.3.2 读取属性文件

属性文件创建好后，需要编写一个专门加载属性文件到内存的代码文件及读取配置信息的代码文件。

（1）创建加载属性文件类 LoadProperty.java，主要代码如下：

```
1.    …
2.    private static LoadProperty instance;
3.        public static LoadProperty getInstance()
4.        {
5.                if (instance != null)          return instance;
6.                else
7.                {
8.                    makeInstance();
9.                    return instance;
10.               }
11.       }
12.       private static synchronized void makeInstance()
13.       {
14.          if (instance == null)
15.          instance = new LoadProperty();
16.       }
17.       private LoadProperty()
18.       {
19.               InputStream is = getClass().getResourceAsStream("/connectionDB.properties");
20.               try
21.               {
22.                       load(is);
23.               }
24.               catch (Exception e)
25.               {
26.                   e.printStackTrace();
27.               }
28.       }
29.    …
```

这个类必须不被继承，因此用 final 来修饰，这个类继承 Java 中的 java.util.Properties 类，读取.properties 属性文件，程序会调用 Properties 类的 load()方法，将属性文件的内容加载到内存中。

此类是一个典型的单例模式，因此有如下特点：

1）上述代码中的第 2 行，以自身类的对象定义了一个属性 instance。

2）使用公共静态的方法调用构造方法创建一个实例对象，见上述代码第 3～11 行。

3）为了保证创建对象的同步安全性，又重写了同步方法 makeInstance()，这样可以保证在同一个时间内，只能被独占调用，见上述代码第 12～16 行。

4）定义私有的构造方法，确保外部不能"new"它的实例对象，见上述代码的第 17～28 行。

5）第 19 行中的 getClass()方法为 Object 类中的方法，返回一个运行时对象，通过调用 getResourceAsStream()加载资源路径，返回一个输入流对象 InputStream。

6）第 22 行中的 load()方法为父类 Properties 中的方法，作用是从输入流中读取文件列表（键和值），将属性文件读到内存中。

（2）创建读取数据库配置信息类 ReadDBInformation.java，部分代码如下：

```
1.    public static synchronized Connection getConnection() {
2.            // 读取数据库连接配置信息
3.            String driverClassName = LoadProperty.getInstance().getProperty("driver");
4.            String url = LoadProperty.getInstance().getProperty("url");
5.            String password = LoadProperty.getInstance().getProperty("password");
6.            String user = LoadProperty.getInstance().getProperty("user");
7.            Connection dbConnection = null;
8.
9.            try {
10.                   // 加载数据库驱动程序
11.                   Class.forName(driverClassName);
12.                   // 连接数据库
13.                   dbConnection = DriverManager.getConnection(url, user, password);
14.            } catch (Exception e) {
15.                   e.printStackTrace();
16.            }
17.            return dbConnection;
18.      }
19.   …
```

上述代码中的第 3～6 行，通过单例模式 LoadProperty.getInstance()创建、获取一个对象实例，并调用 Properties 类提供的 getProperty("key")方法获得对应的值，然后加载驱动获取链接对象。

10.4　使用高级 JDBC 技术继续升级"新闻发布系统"

10.4.1　开发任务

基于 JNDI 技术和属性配置文件继续升级"新闻发布系统"。

任务一：基于 JNDI 技术升级"新闻发布系统"。

任务二：基于属性配置文件升级"新闻发布系统"。

训练技能点：

1）会使用 JNDI 获取数据源。

2）会 JNDI 的配置方法。

3）会读取基于属性文件的数据库配置信息。

10.4.2 具体实现

任务一：基于 JNDI 技术升级"新闻发布系统"

【步骤】：

（1）首先打开 Tomcat 的根目录"\conf\context.xml"文件中的<Content>节点，在这个节点中配置相关信息：

```
1.   …
2.   <Resource   name="jdbc/NewsSystem"
3.      auth="Container"type="javax.sql.DataSource"   maxActive=" 100"
4.      maxIdle="40"   maxWait=" 100000"   username="sa"   password="sa"
5.      driverClassName="com.microsoft.jdbc.sqlserver.SQLServerDriver"
6.      url="jdbc:microsoft:sqlserver://localhost:1433;DatabaseName=NewsSystem">
7.   </Resource>
```

其中访问数据库的用户名和密码必须写正确，否则会有问题。

（2）打开 web.xml 文件，在<web-app><节点下添加一个节点<resource-ref>。需要在这个节点中配置数据源，相关配置信息如下：

```
1.   <web-app>
2.   <resource-ref>
3.      <res-ref-name> jdbc/NewsSystem </res-ref-name>
4.      <res-type> javax.sql.DataSource </res-type>
5.      <res-auth> Container </res-auth>
6.   </resource-ref>
7.   …
8.   </web-app>
```

（3）添加数据库驱动文件。

将数据库的驱动 Jar 包复制到 Tomcat 的 common\lib 文件夹下。如果是 Tomcat6.0 的，复制到 lib 文件下。

（4）将用户注册功能的实现修改为使用 JNDI 技术访问数据库。

1）将"czmec.cn.news.ch05.util"包中的"BaseDao.java"打开，类中增加两个方法，分别是使用 JNDI 技术获取连接对象的 getConnByJNDI()方法和调用上述方法实现执行 SQL 语句的 executeSQLByJNDI(String preparedSql, String[] param)方法。部分具体代码如下：

```
1.   import javax.naming.Context;
2.   import javax.naming.InitialContext;
```

```
3.      import javax.naming.NamingException;
4.      import javax.sql.DataSource;
5.      …
6.      //使用 JNDI 技术获取数据库的链接
7.      public Connection getConnByJNDI()
8.      {
9.           Connection    conn  = null ;
10.         try {
11.              Context ic = new InitialContext();
12.              DataSource ds =(DataSource)ic.lookup("java:comp/env/jdbc/NewsSystem");
13.                   conn = ds.getConnection();
14.              }
15.         catch (NamingException e) {
16.                      // TODO Auto-generated catch block
17.              e.printStackTrace();
18.              }
19.         catch (SQLException e) {
20.                      // TODO Auto-generated catch block
21.              e.printStackTrace();
22.              }
23.              return conn;
24.     }
25.
26.         /**
27.          * 执行 SQL 语句，可以进行增、删、改的操作，不能执行查询
28.          * @param sql   预编译的 SQL 语句
29.          * @param param   预编译的 SQL 语句中的'？'参数的字符串数组
30.          * @return 影响的条数
31.          */
32.     public int executeSQLByJNDI(String preparedSql,String[] param)
33.     {
34.       Connection conn = null;
35.     PreparedStatement pstmt = null;
36.     Int num = 0;
37.
38.         /*  处理 SQL，执行 SQL   */
39.         try
40.          {
41.              conn = getConnByJNDI();                // 得到数据库连接
42.              pstmt = conn.prepareStatement(preparedSql);   // 得到 PreparedStatement 对象
```

221

```
43.              if( param != null )
44.              {
45.                   for( int i = 0; i < param.length; i++ )
46.                   {
47.                        pstmt.setString(i+1, param[i]);          // 为预编译 SQL 设置参数
48.                   }
49.              }
50.              num = pstmt.executeUpdate();                       // 执行 SQL 语句
51.         }
52.
53.         catch (SQLException e)
54.         {
55.              e.printStackTrace();                               // 处理 SQLException 异常
56.         }
57.         finally
58.         {
59.              closeAll(conn,pstmt,null);                         // 释放资源
60.         }
61.         return num;
62.    }
```

2）打开"czmec.cn.news.ch10.Dao.DaoImpl"包下的"UserDaoImpl.java"类，将其中的一行代码：

"int rtn = this.executeSQLBy(sql, parm); "

修改为：

"int rtn = this.executeSQLByJNDI(sql, parm);"，即使用 JNDI 技术连接数据库。

3）打开"ch10"文件夹下的"UserRegister.jsp"页面，修改 form 的 action 属性为下述代码：

```
<form name="form1" method="post" action="../servlet/RegisterServlet_CH10">
```

4）打开 web.xml 文件，添加如下 Servlet 配置信息：

```
1.    <servlet>
2.        <description>This is the description of my J2EE component</description>
3.        <display-name>This is the display name of my J2EE component</display-name>
4.        <servlet-name>RegisterServlet_CH10</servlet-name>
5.        <servlet-class>czmec.cn.news.ch10.servlet.RegisterServlet</servlet-class>
6.    </servlet>
7.    …
8.    <servlet-mapping>
9.        <servlet-name>RegisterServlet_CH10</servlet-name>
10.       <url-pattern>/servlet/RegisterServlet_CH10</url-pattern>
```

11.　　</servlet-mapping>

12.　　…

经过以上的步骤，基于 JNDI 技术的"新闻发布系统"的用户注册功能就升级好了。

在使用 JNDI 时，常会遇到如下错误：

1）不能载入 JDBC 驱动，如图 10-2 所示。

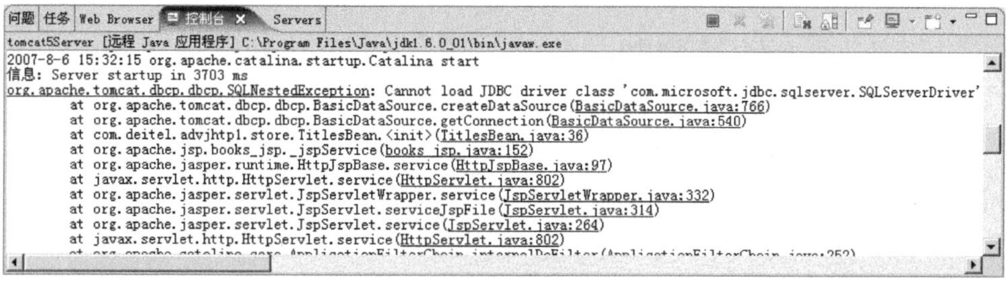

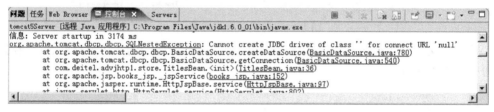

图 10-2　JNDI 错误（一）

这个错误是因为 JDBC 的 SQL Server 2000 的驱动丢失或不存在。由于通过数据源访问数据库，且数据源由 Tomcat 创建并维护，所以必须把 JDBC 驱动程序复制到 Tomcat 的 lib 目录下。

2）数据源配置错误，如图 10-3 所示。

图 10-3　JNDI 错误（二）

这个现象是因为通过 lookup 方法查找的时候，数据源的名称和 Tomcat 的文件 context.xml 中配置的 Resource 的 name 属性不一致导致的，或者是和 web.xml 文件中的配置不一致导致的。

3）JNDI 参数错误，如图 10-4 所示。

图 10-4　JNDI 错误（三）

上述现象是因为 lookup（）方法中的参数不当导致的，正确的方式是：

Lookup("java:comp/env/jdbc/NewsSystem");

任务二：基于属性配置文件升级"新闻发布系统"

【步骤】：

（1）首先在"src"文件夹下创建一个"db.properties"属性文件，如图 10-5 所示。

在属性文件中输入下述代码，如图 10-6 所示。

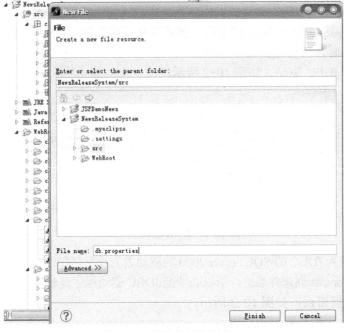

图 10-5　属性文件的创建

上述属性文件内容在输入的时候格式必须是上述格式，等号的左边是键，右边是对应的值，每行结尾不用分号。

图 10-6　属性文件内容

（2）在包 "czmec.cn.news.ch10.util" 下创建读取属性文件的类 LoadProperty.java，代码如下所示：

```
1.    package czmec.cn.news.ch10.util;
2.    import java.io.InputStream;
3.    import java.util.Properties;
4.    public class LoadProperty extends Properties {
5.        private static LoadProperty instance;
6.        public static LoadProperty getInstance()
7.        {
8.            if (instance != null)        return instance;
9.            else
```

```
10.              {
11.                    makeInstance();
12.                    return instance;
13.              }
14.          }
15.      private static synchronized void makeInstance()
16.      {
17.          if (instance == null)
18.            instance = new LoadProperty();
19.      }
20.      private LoadProperty()
21.      {
22.              InputStream is = getClass().getResourceAsStream("/db.properties");
23.              try
24.              {
25.                      load(is);
26.              }
27.              catch (Exception e)
28.              {
29.                  e.printStackTrace();
30.              }
31.          }
32.  }
```

（3）将用户注册功能的实现修改为使用基于属性配置文件的方式。

1）将"czmec.cn.news.ch05.util"包中的"BaseDao.java"打开，类中增加两个方法，分别是使用属性配置文件方式获取连接对象的 getConnByProperty()方法和调用上述方法实现执行 SQL 语句的 executeSQLByProperty(String preparedSql, String[] param)方法。部分具体代码如下：

```
1.   //创建一个读取属性配置文件（数据库配置信息）的方法
2.   public static synchronized Connection getConnByProperty() {
3.       // 读取数据库连接配置信息
4.       String driverClassName = LoadProperty.getInstance().getProperty("driver");
5.       String url = LoadProperty.getInstance().getProperty("url");
6.       String password = LoadProperty.getInstance().getProperty("password");
7.       String user = LoadProperty.getInstance().getProperty("user");
8.       Connection dbConnection = null;
9.
10.      try {
11.          // 加载数据库驱动程序
```

```
12.                    Class.forName(driverClassName);
13.                    // 连接数据库
14.                    dbConnection = DriverManager.getConnection(url, user, password);
15.            } catch (Exception e) {
16.                    e.printStackTrace();
17.            }
18.          return dbConnection;
19.    }
20.      public int executeSQLByProperty(String preparedSql,String[] param)
21.      {
22.          Connection conn = null;
23.          PreparedStatement pstmt = null;
24.          Int num = 0;
25.
26.          /*  处理 SQL，执行 SQL   */
27.          try
28.          {
29.              conn = getConnByProperty();                    // 得到数据库连接
30.              pstmt = conn.prepareStatement(preparedSql);   // 得到 PreparedStatement 对象
31.               if( param != null )
32.                {
33.                     for( int i = 0; i < param.length; i++ )
34.                     {
35.                          pstmt.setString(i+1, param[i]);        // 为预编译 SQL 设置参数
36.                     }
37.                }
38.               num = pstmt.executeUpdate();                  // 执行 SQL 语句
39.             }
40.
41.            catch (SQLException e)
42.            {
43.                e.printStackTrace();                   // 处理 SQLException 异常
44.            }
45.            finally
46.            {
47.                closeAll(conn,pstmt,null);                    // 释放资源
48.            }
49.             return num;
50.            }
```

2）打开"czmec.cn.news.ch10.Dao.DaoImpl"包下的"UserDaoImpl.java"类，将其中的一行代码：

```
int rtn = this.executeSQLBy(sql, parm);
```

修改为：

"int rtn = this.executeSQLByProperty(sql, parm);"，即使用基于属性配置文件的方式连接数据库。

至此基于属性配置文件的"新闻发布系统"的用户注册功能修改完成了。

注：在使用基于属性文件配置的 Dao 操作中，很多初学者都会碰到如图 10-7 所示的现象。

图 10-7　属性配置文件错误现象

这种现象是因为属性配置文件的路径导致的，正常情况下是放在"src"文件夹下。如果不是在这个文件夹下，请注意加载文件时的路径。

第 11 章　使用 JSP 标准动作
简化 JSP 页面

本章简介

本章先介绍了开发大型、复杂的企业级应用程序面临的问题，阐述了基于组件的软件开发思想、组件及 JavaBean 组件的概念、JavaBean 组件的分类及功能作用，然后介绍了 JSP 的几个常见的标准动作、如何在 JSP 页面中使用 JSP 标准动作，最后将讲述的知识点运用于"新闻发布系统"继续优化、升级。

本章学习目标

- 掌握 JavaBean 组件的概念。
- 掌握 JSP 的标准动作。
- 会在 JSP 页面中使用 JSP 标准动作简化页面开发。
- 会使用 JavaBean 解决中文乱码问题。

本章任务

继续升级新闻发布系统。
- 任务一：基于 JSP 标准动作升级"新闻发布系统"的用户注册功能。
- 任务二：实现"新闻发布系统"的前台功能主页面。

11.1　基于组件的软件开发

在开发 JSP 网页程序过程中，如果需要的应用程序功能已经存在于其他网页中，最快的方法就是重复使用相同的代码，将内容复制过来。

当应用程序的规模越来越大，上述复制代码的做法很快就会造成程序代码维护上的困难。

为了彻底地解决程序代码复用问题，基于组件化的程序开发就发展起来了，这是目前解决代码复用问题的最佳解决方案。JavaEE 程序就是基于组件开发的。

开发过于庞大、复杂的软件系统就好比要制造和组装一件复杂的产品—— 大飞机。飞机上成千上万的零部件（组件）是一个个独立的部件，可以被不同的厂家生产，但是它们却能被"完美"地组合在一起，这是因为不同的厂家在生产这些零部件时都遵循了一定的标准和规范。被生产出来的零部件只要按照一定的流程组合在一起，就可以成为不同形状、不同规格的产品。就如同我们小时候玩的积木一样，如图 11-1 所示。从表面上看，各个积木块是一堆毫不相干的小木块，但经过孩子们的精心设计和合理的安排，就可以组装出我们想要的东西。

积木块　　　　　　　　　　组装　　　　　　　　　　成品

图 11-1　积木

程序开发也是同样的道理，程序中的各个部件（模块）和积木块在一个积木作品中的作用一样。一个积木作品是由很多个相同或不同的积木组成的，而一个软件系统也由很多个组件组成。

软件组件定义为自包含的、可编程的、可重用的、与语言无关的软件单元，软件组件可以很容易被用于组装应用程序中。

11.2　JavaBean 组件

JavaBean 是 JavaEE 中所写成的可重用组件，它可以应用于系统的很多层中，如 PO（Persistant Object，持久对象）、VO（Value Object，值对象）、POJO（Plain Ordinary Java Objects，简单 Java 对象）等。

JavaBean 从本质上来说就是一种 Java 类，它通过封装属性和方法成为具有独立功能、可重复使用的并且可以和其他控件相互通信的组件对象。通常用户不需要知道被封装起来的 JavaBean 的内部是如何运作的，只需要知道它提供了哪些方法供用户使用。

标准的 JavaBean 组件类必须满足以下 3 个条件：

1）该类是一个共有类，且必须包含一个没有任何参数的构造方法。

2）类中的属性需要被 private 修饰；

3）具有公有的访问属性的 getter 和 setter 方法。

4）该类必须实现 java.io.Serializable 接口，但目前在创建 JavaBean 类时都已默认实例化这个序列接口。

JavaBean 组件在服务器端的应用表现出了强大的生命力，在 JSP 程序中，通常用来封装业务逻辑和数据。因此，从功能上划分，JavaBean 可以分为封装数据的 JavaBean 和封装业务逻辑的 JavaBean。

11.2.1　封装数据的 JavaBean

封装数据的 JavaBean 可以使得程序员在进行数据处理的时候更加方便、简单，以面向对象的思想进行编程。

　　例如用户注册功能的实现，用户在页面中填入的用户信息构成了用户本身这个对象，因此可以使用 JavaBean 来封装用户所填的这些信息，这样在实现用户注册功能的时候，就可以将用户对象本身传递到后台，更加简单、方便。

　　下面就是一个封装了用户注册信息的 JavaBean 组件，代码如下所示：

```
1.    public class UserInfo {
2.        private int userID;//用户 ID
3.        private String userRealName;//用户名
4.        private String sex;//性别
5.        private String birth;//出生日期
6.        private String fimallyAddress;//地址
7.        private String Email;//Email
8.        private String tel;//电话
9.        private String userLoginName;//系统登录账号
10.       private String userPassword;//密码
11.       private String regDate;//注册日期
12.       public int getUserID() {
13.           return userID;
14.       }
15.       public void setUserID(int userID) {
16.           this.userID = userID;
17.       }
18.       public String getUserRealName() {
19.           return userRealName;
20.       }
21.       public void setUserRealName(String userRealName) {
22.           this.userRealName = userRealName;
23.       }
24.       public String getSex() {
25.           return sex;
26.       }
27.       public void setSex(String sex) {
28.           this.sex = sex;
29.       }
30.       public String getBirth() {
31.           return birth;
32.       }
33.       public void setBirth(String birth) {
34.           this.birth = birth;
35.       }
36.       public String getfinalAddress() {
```

```
37.            return finalAddress;
38.        }
39.        public void setfinalAddress(String finalAddress) {
40.            this. finalAddress = finalAddress;
41.        }
42.        public String getEmail() {
43.            return Email;
44.        }
45.        public void setEmail(String email) {
46.            Email = email;
47.        }
48.        public String getTel() {
49.            return tel;
50.        }
51.        public void setTel(String tel) {
52.            this.tel = tel;
53.        }
54.        public String getUserLoginName() {
55.            return userLoginName;
56.        }
57.        public void setUserLoginName(String userLoginName) {
58.            this.userLoginName = userLoginName;
59.        }
60.        public String getUserPassword() {
61.            return userPassword;
62.        }
63.        public void setUserPassword(String userPassword) {
64.            this.userPassword = userPassword;
65.        }
66.        public String getRegDate() {
67.            return regDate;
68.        }
69.        public void setRegDate(String regDate) {
70.            this.regDate = regDate;
71.        }
72.    }
```

11.2.2　封装业务逻辑的 JavaBean

封装业务逻辑的 JavaBean 用来实现业务逻辑功能。在实现业务逻辑功能时，一般需要用到数据 JavaBean。

如下面的封装业务逻辑的 JavaBean，代码如下：

```
1.    public class UserOperate{
2.        private   UserInfo   user;
3.        //用户查询
4.        public   UserInfo   getUser(UserInfo userInfo)
5.        {
6.            …
7.        }
8.        //用户注册
9.        public   UserInfo   setUser(UserInfo userInfo)
10.       {
11.           …
12.       }
```

11.3   JSP 标准动作的使用

JSP 标准动作可以帮助大家简化 JSP 页面的开发，尤其是在页面中调用 JavaBean。

11.3.1   JSP 标准动作

Java 提供了 JSP 标准动作来实现在 JSP 页面中调用 JavaBean。

JSP 标准动作在客户端请求 JSP 页面时执行，JSP 标准动作可以使用现有的 JavaBean 组件和属性，以及响应用户请求跳转到另一个页面。

JSP 使用<jsp:>作为前缀，常用标准动作如下：

1）<jsp:include>。

2）<jsp:param>。

3）<jsp:forward>。

4）<jsp:plugin>。

5）<jsp:useBean>。

6）<jsp:setProperty>。

7）<jsp:getProperty>。

1．<jsp:useBean>动作

jsp:useBean 动作主要用来创建 Bean 实例或从服务器获得现有 Bean 实例，其语法如下：

```
<jsp:useBean   id="bean name" class="class name"   scope="scope"/>
```

或者

```
<jsp:useBean   id="bean name" class="class name " scope="scope">
```

被包含代码

```
</jsp:useBean>
```

标记常用的属性共有 4 个，即 id、class、beanName 和 scope。

（1）id 属性：在整个页面引用 Bean 的唯一值，创建或获取现有的 Bean 的实例名称。在创建实例前容器会先查找是否存在指定的 id 的 Bean 实例，如果存在则直接返回，如果不存在会按照指定的类创建一个实例。

在定义 Bean 名称时，要符合如下规则：唯一、区分大小写、第一个字符必须为字母、不允许有空格，可为同一 Bean 类指定不同的 id 值。

（2）class 属性：JavaBean 的类名，一般需要指定类所在的包。这个 JavaBean 必须要有一个公共的无参构造方法。

（3）beanName 属性：指定串行化 Bean 的名称。

（4）scope 属性：指定 JavaBean 的作用范围，共有 4 种作用范围：page、session、request 和 application。默认情况下，其值为 page。各范围的含义如表 11-1 所示。

表 11-1　<jsp:useBean>动作的作用范围

作 用 域	说　　明
page	将 JavaBean 对象存储在当前页面中，只能在当前页面中存取
request	将 JavaBean 对象存储在当前 ServletRequest 中，JavaBean 对象在用户发出请求时存在。其存取范围除了当前页面，当使用<jsp:include>、<jsp:forword>时，也可以存取原来的网页中的 JavaBean 对象
session	将 JavaBean 对象存储在 HTTP 会话中，JavaBean 对象在当前 HttpSession 的生命周期内可用于所有页面
application	全局范围，JavaBean 对象在整个应用程序中均可用。只要应用程序不被关闭或重新加载，就一直有效

获得 Bean 实例之后，要修改或获取 Bean 的属性既可以通过 jsp:setProperty 及 jsp:getProperty 动作进行，也可以在 Scriptlet 中利用 id 属性所命名的对象变量，通过调用该对象的方法显式地修改或获取其属性。

2.　<jsp:setProperty>动作

<jsp:setProperty>动作必须配合<jsp:useBean>动作一起使用，是专门用来给使用<jsp:useBean>动作定义的 Bean 实例的属性进行赋值的。其语法如下所示：

```
<jsp:setProperty name="BeanName" property="PropertyName"  value=""  param="parameter">
```

<jsp:setProperty>动作有以下 4 个属性：

（1）name 属性是必需的，它表示要设置属性的是哪个 Bean，和<jsp:useBean>动作中指定的 id 属性对应。BeanName 必须存在。

（2）property 属性是必需的，它表示要设置哪个属性。其中有一个特殊用法：如果 property 的值是"*"，表示所有名字和 Bean 属性名字匹配的请求参数都将被传递给相应的属性 set 方法。

（3）value 属性是可选的。该属性用来设定 Bean 属性的值。这个值可以是一个字符串常量，也可以为一个表达式<%=expression%>。字符串数据会在目标类中通过标准的 valueOf 方法自动转换成数字、boolean、Boolean、byte、Byte、char、Character。例如，boolean 和 Boolean 类型的属性值（如 true）通过 Boolean.valueOf 转换，int 和 Integer 类型的属性值（如"3"）通过 Integer.valueOf 转换。

在使用时需要读者注意的是，value 和 param 不能同时使用，但可以使用其中任意一个。

（4）param 属性也是可选的，它指定用哪个请求参数作为 Bean 属性的值，一般为 form 表单元素。如果当前请求没有参数，则什么事情也不做，系统不会把 null 传递给 Bean 属性的 set 方法。在使用时有一个技巧，就是可以让 Bean 自己提供默认属性值，只有当请求参数明确指定了新值时才修改默认属性值。

例如，下面的代码片断表示：如果存在 numItems 请求参数，则把 numberOfItems 属性的值设置为请求参数 numItems 的值；否则什么也不做。

```
<jsp:setProperty name="orderBean"  property="numberOfItems"  param="numItems" />
```

如果同时省略 value 和 param，其效果相当于提供一个 param 且其值等于 property 的值。进一步利用这种借助请求参数和属性名字相同进行自动赋值的思想，还可以在 property（Bean属性的名字）中指定"*"，然后省略 value 和 param。此时，服务器会查看所有的 Bean 属性和请求参数，如果两者名字相同则自动赋值。

3. ＜jsp:getProperty＞动作

<jsp:getProperty>动作也必须配合<jsp:useBean>动作一起使用，专门用来获取<jsp:useBean>动作定义的 Bean 实例的属性的值，并将其显示在 JSP 页面中。其语法有以下两种格式：

```
<jsp:getProperty   name="BeanName"   property="PropertyName" />
```

或

```
<jsp:getProperty   name="BeanName"   property="PropertyName" >
</jsp:getProperty >
```

<jsp:getProperty>动作有以下两个属性：

1）name 属性是必需的，它表示要获取的是哪个 Bean，和<jsp:useBean>动作中指定的 id属性对应。

2）property 属性表示要获取 Bean 实例的哪个属性的数值。

4. ＜jsp:param＞动作

<jsp:param>动作元素被用来以"名-值（name-value）"对的形式为其他动作提供附加信息，它一般与<jsp:include>、<jsp:forword>、<jsp:plugin>动作元素配合使用，用于向这些动作元素传递参数。

<jsp:param>动作元素以标记"<jsp:param"开始，以"/>"结束，格式如下。

```
<jsp:param name="paramName" value="value1"/>
```

其中 name 为属性相关联的关键字或名字，value 为属性的值。例如：

```
<jsp:param name="courseName" value="Web 编程技术"/>
```

5. ＜jsp:forward＞动作

<jsp:forward>标准动作可以实现页面之间的跳转功能，其实质就是 RequestDispatcher(url).forward(request,response)。语法格式如下：

```
<jsp: forward   page = " path " />
```

或

```
<jsp:forward page="path"} >
<jsp:param name="paramName" value="paramValue" />
…
</jsp:forward>
```

其中：

1）"page="path""的 path 为一个表达式或一个字符串。

2）<jsp:param> name 指定参数名，value 指定参数值。参数被发送到一个动态文件，参

数可以是一个或多个值，而这个文件必须是动态文件。要传递多个参数，则可以在一个 JSP
文件中使用多个<jsp:param>将多个参数发送到一个动态文件中。

3）page 属性可为静态值，也可在请求时计算。

如：

1）<jsp:forward page="/utils/errorReporter.jsp" />

2）<jsp:forward page="<%= someJavaExpression %>" />

6. <jsp:include>动作

<jsp:include>标签表示包含一个静态的或者动态的文件。其语法格式如下：

```
<jsp:include page="path" flush="true" />
```

或者

```
<jsp:include page="path" flush="true">
    <jsp:param    name="paramName" value="paramValue" />
</jsp:include>
```

其中：

1）"page="path""的 path 为相对路径，或者代表相对路径的表达式。

2）"flush="true""必须使用 flush 为 true，它的默认值是 false。

3）<jsp:param>子句能传递一个或多个参数给动态文件，也可在一个页面中使用多个
<jsp:param>来传递多个参数给动态文件。

11.3.2　在 JSP 页面中使用标准动作调用 JavaBean

在 JSP 页面中应用 JavaBean 非常简单，主要通过 JSP 的动作元素标示<jsp:userBean>、
<jsp:setProperty>、<jsp:getProperty>来实现对 JavaBean 的操作。所编写的 JavaBean 对象要遵
循其规范，这样就能够在 JSP 页面中方便地调用和操作 JavaBean。

在 JSP 页面中使用标准动作调用 JavaBean 的案例如下：

在"ch11_1"文件夹下创建一个 Exam_JavaBean.jsp 页面，在页面中使用第 8 章的包
"czmec.cn.news.ch08.entity"中的"UserInfo.java"类。部分代码如下所示：

```
1.    <head>
2.        <title>使用 JSP 标准动作调用 JavaBean</title>
3.    </head>
4.    <body>
5.        <!-- 使用 jsp:useBean 在 page 范围内创建一个对象 userInfo-->
6.        <jsp:useBean id="userInfo" class="czmec.cn.news.ch08.Entity.UserInfo"
                    scope="page"></jsp:useBean>
7.        <!-- 使用 jsp:setProperty 为页面 page 中的对象 userInfo 的属性赋值-->
8.        <jsp:setProperty property="userRealName" name="userInfo" param="name"/>
9.        <jsp:setProperty property="sex" name="userInfo" value="男"/>
10.       <jsp:setProperty property="birth" name="userInfo" value="1988-10-13"/>
11.       <jsp:setProperty property="fimallyAddress" name="userInfo" value="江苏徐州"/>
12.       <jsp:setProperty property="tel" name="userInfo" value="110"/>
```

13.   <jsp:setProperty property="email" name="userInfo" value="shl@qq.com"/>

14.   <jsp:setProperty property="userLoginName" name="userInfo" value="shl"/>

15.   <!-- 使用 jsp:getProperty 在页面中输出对象 userInfo 的属性值-->

16.   用户真名：<jsp:getProperty property="userRealName" name="userInfo" />

17.   性别：<jsp:getProperty property="sex" name="userInfo" />

18.   出生日期：<jsp:getProperty property="birth" name="userInfo" />

19.   家庭地址：<jsp:getProperty property="fimallyAddress" name="userInfo" />

20.   电话：<jsp:getProperty property="tel" name="userInfo" />

21.   Email：<jsp:getProperty property="email" name="userInfo" />

22.   登录名：<jsp:getProperty property="userLoginName" name="userInfo" />

23.   </body>

在使用 jsp:setProperty 动作元素为 JavaBean 设值的时候，采用了两种方式，即 value 和 param。Param 可以获取来自页面的 form 中的表单元素，也可以是其他方式传递过来的参数。在浏览器中输入如下地址：

http://localhost:8080/NewsReleaseSystem/ch11_1/Exam_JavaBean.jsp?name=sunhua

上述地址为页面传递了一个参数"name"，运行结果如图 11-2 所示。

图 11-2 使用 JSP 标准动作调用 JavaBean

11.3.3 应用 JavaBean 解决中文乱码问题

在 JSP 的 Web 程序开发中，通过表单或其他方式提交的数据中如果存在中文，则获取该数据后输出到页面中会出现乱码。例如，上述案例中在浏览器中输入：

http://localhost:8080/NewsReleaseSystem/ch11_1/Exam_JavaBean.jsp?name=孙华，则效果如图 11-3 所示。

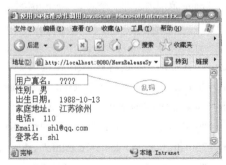

图 11-3 使用 JSP 标准动作调用 JavaBean 乱码现象（一）

在获取这些数据之前，必须进行编码转换。将编码转换操作放在 JavaBean 中实现，可以解决代码的重用，避免重复编码。下述案例就是运用 JavaBean 解决中文乱码问题，具体的步骤如下：

（1）在 "czmec.cn.news.ch11.util" 包中创建一个类 ConvertEncoding.java，在其中创建一个静态方法 toChineseEncoding()，该方法返回一个 String 类型的参数，功能是实现对该参数的编码进行转换操作。部分代码如下：

```
1.    package czmec.cn.news.ch11.util;
2.    import java.io.UnsupportedEncodingException;
3.    public class   ConvertEncoding
4.    {
5.        public static String toChineseEncoding(String str)
6.        {
7.            if(str==null)
8.                str="";
9.            try
10.           {
11.               str= new String(str.getBytes("ISO-8859-1"),"GBK");
12.           } catch (UnsupportedEncodingException e)
13.           {
14.               str="";
15.               e.printStackTrace();
16.           }
17.           return str;
18.       }
19.   }
```

上述代码的第 11 行需要抛出一个 UnsupportedEncodingException 异常。

（2）修改 "Exam_JavaBeanAxure.jsp" 页面，主要被修改的代码如下所示：

```
<jsp:setProperty property="userRealName" name="userInfo" value=
"<%=ConvertEncoding.toChineseEncoding(request.getParameter("name"))%>"/>
```

上述代码直接调用 ConvertEncoding 类中的 toChineseEncoding 方法实现转码操作。

（3）重新部署系统，在浏览器中输入：

http://localhost:8080/NewsReleaseSystem/ch11_1/Exam_JavaBeanAxure.jsp?name=孙华
发现乱码问题解决了，如图 11-4 所示。

图 11-4　使用 JSP 标准动作调用 JavaBean 乱码现象（二）

11.4 使用 JSP 标准动作继续简化 JSP 页面的开发

11.4.1 开发任务

继续升级新闻发布系统。

任务一：基于 JSP 标准动作升级"新闻发布系统"的用户注册功能。

任务二：实现"新闻发布系统"的前台功能主页面。

训练技能点：

1）会在 JSP 页面中使用 JSP 标准动作简化页面开发。

2）会使用 JavaBean 解决中文乱码问题。

11.4.2 具体实现

任务一：基于标准动作升级"新闻发布系统"的用户注册功能

【步骤】：

（1）将"czmec.cn.news.ch10"包下的所有资源都复制到"czmec.cn.news.ch11"包中，并将原来使用 ch10 包下的资源都修改为使用 ch11 包下的资源。

（2）在"webroot"文件夹下创建"ch11"文件夹，将"ch10"文件夹中的内容都复制到"ch11"下，并将相关资源都修改为"czmec.cn.news.ch11"包和"ch11"文件夹下的资源引用。

（3）在"ch11"文件夹下创建一个用户注册的中间 JSP 页面"UserRegisterMiddle.jsp"，使用 JSP 的标准动作实现对用户注册信息的接收并进行页面转向。部分代码如下所示：

```
1.    <%@ page language="java" import="java.util.*,czmec.cn.news.ch11.Dao.*,
              czmec.cn.news.ch11.Dao.DaoImpl.*" pageEncoding="GBK"%>
2.    <!-- 使用 jsp:useBean 在 page 范围内创建一个对象 userInfo-->
3.      <jsp:useBean id="registInfo" class="czmec.cn.news.ch11.entity.UserInfo" scope="page"></jsp:useBean>
4.      <!-- 使用 jsp:setProperty 为页面 page 中的对象 registInfo 的属性赋值-->
5.      <jsp:setProperty property="userRealName" name="registInfo" param="userRealName"/>
6.      <jsp:setProperty property="birth" name="registInfo" param="birth"/>
7.      <jsp:setProperty property="tel" name="registInfo" param="tel"/>
8.      <jsp:setProperty property="userLoginName" name="registInfo" param="userLoginName"/>
9.      <jsp:setProperty property="userPassword" name="registInfo" param="password"/>
10.     <jsp:setProperty property="sex" name="registInfo"
        value="<%=((request.getParameter("sex")).split("-"))[0] %>"/>
11.     <jsp:setProperty property="email" name="registInfo" param="email"/>
12.     <jsp:setProperty property="regDate" name="registInfo" param="registerDate"/>
13.     <jsp:setProperty property="fimallyAddress" name="registInfo" param="address"/>
14.       <%
15.       UserDao regist = new UserDaoImpl();
16.       int rtn =regist.insertNewsUser(registInfo);
17.       if(rtn == 1)
18.       {
19.           session.setAttribute("mesg","注册成功！ ");
20.           session.setAttribute("regUser", registInfo);
```

```
21.          }
22.          else
23.          {
24.              session.setAttribute("mesg","注册失败！");
25.          }
26.      %>
27.      <jsp:forward page="../ch11/message.jsp"></jsp:forward>
```

上述代码中的 param 属性指定的参数名必须和用户注册页面"UserRegister.jsp"中的 form 表单中相应元素的"Name"属性一致，这样才可以正确接收到用户输入的注册信息。

（4）打开文件夹"ch11"下的用户注册页面"UserRegister.jsp"，修改 form 表单的 action 属性指向中间页面"UserRegisterMiddle.jsp"。代码如下所示：

```
<form name="form1" method="post" action="UserRegisterMiddle.jsp">
```

（5）在"ch11"文件夹下创建一个专门用来存放新闻发布系统的前台页面的文件夹 "front"，在该文件夹下创建新闻发布系统的前台页面"index.jsp"。当用户注册成功后直接 跳转到这个页面，并显示"欢迎'某某'"。

（6）修改"ch11"文件夹下的"message.jsp"页面，使之延迟 5 秒跳转到"index.jsp" 页面，代码如下所示：

```
<%response.setHeader("refresh","5;URL=../ch11/front/index.jsp");%></p>
```

其他后台代码可以不用修改直接使用，直接运行第 11 章中的用户注册，当输入相关用 户信息注册成功后，页面直接跳转到前台新闻浏览页面 index.jsp，页面中显示的欢迎某某出 现了乱码，如图 11-5 所示。

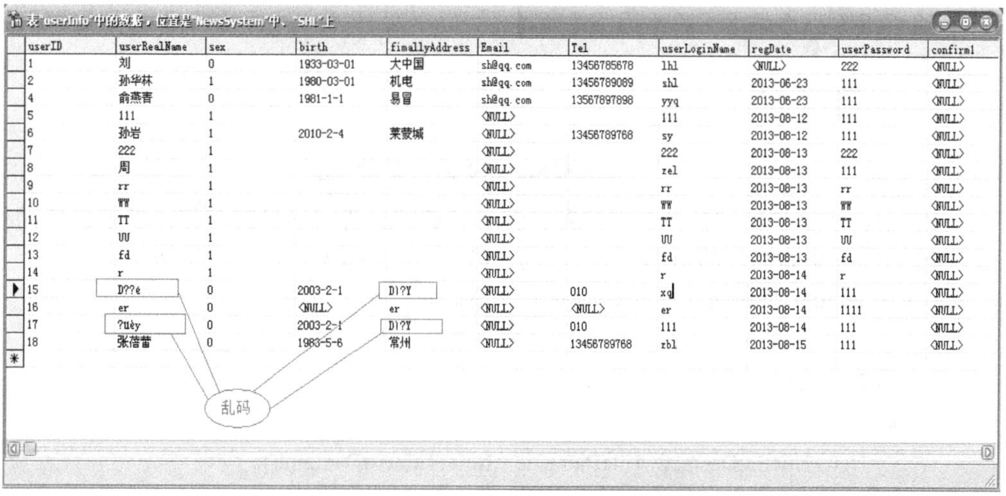

图 11-5　用户注册异常——乱码现象

打开文件夹"ch11"下的"UserRegisterMiddle.jsp"，在该页面添加如下代码即可解决乱 码问题：

```
<%
request.setCharacterEncoding("gbk");
response.setContentType("text/html;charset=gbk");
%>
```

任务二：实现"新闻发布系统"的前台功能主页面

【步骤】：

（1）打开"front"文件夹下的"index.jsp"页面，完善"新闻发布系统"的前台新闻展示页面。

（2）设计这个页面的布局，首先在这个页面中加入一段 flash，作为这个新闻展示页面的抬头，在页面中嵌入如下代码：

```
1.   <table width="100%" border="0" align="center" cellpadding="0" cellspacing="0">
2.   <tr>
3.       <td>
4.   <object classid="clsid:D27CDB6E-AE6D-11cf-96B8-444553540000"
     codebase="http://download.macromedia.com/pub/shockwave/cabs/flash/swflash.cab#version=7,0,19,0"
5.       width="100%" height="161" title="aa">
6.       <param name="movie" value="/NewsReleaseSystem/ch11/images/2.swf" />
7.       <param name="quality" value="high" />
8.         embed src="/NewsReleaseSystem/ch11/images/2.swf" quality="high"
9.         pluginspage="http://www.macromedia.com/go/getflashplayer"
10.        type="application/x-shockwave-flash" width="100%" height="161"></embed>
11.      </object>
12.  </td>
13.  </tr>
14.  </table>
```

页面布局效果如图 11-6 所示。

图 11-6　新闻前端展示页面抬头效果图

（3）在页面抬头的正下方设计一个菜单栏，用来显示新闻栏目的名称，当单击新闻栏目时，将跳转到对应新闻栏目的页面中显示对应的新闻信息列表。代码如下所示：

```
1.   <table width="100%" border="0" align="center" cellpadding="0"
2.              cellspacing="0" background="/NewsReleaseSystem/ch11/images/top_red.jpg">
3.       <tr height="35">
4.       <%
5.          NewsTitleBarDao newsTitleDao = new NewsTitleBarDaoImpl();
6.          List titleBarList = newsTitleDao.getAllNewsTitleBar();
7.       if (titleBarList != null) {
8.              for (int i = 0; i < titleBarList.size(); i++) {
9.              NewsTitleBar titleBar = (NewsTitleBar) titleBarList.get(i);
10.      %>
11.      <td align="center">
12.      <a href="#"><font color="white" size="5"><%=titleBar.getTitleBarName()%></font></a>
```

```
13.        </td>
14.        <%
15.            }
16.          }
17.        %>
18.      </tr>
19.    </table>
```

上述代码直接调用前面章节中已经实现的功能方法 getAllNewsTitleBar（），获取所有有效的新闻栏目列表，返回一个 List，然后对这个 List 对象进行遍历，逐行输出新闻栏目名。效果如图 11-7 所示。

| 军事 | 生活 | 娱乐 | 房产 | 时尚 | 财经 | 团购 | 银行 |

图 11-7　新闻栏目菜单

图 11-7 中的新闻栏目名称都是从数据库中读取的所有有效的新闻栏目列表。

（4）在新闻栏目下方显示用户信息，如果属于登录用户，则显示登录用户的姓名；如果是浏览用户，则显示"你还没有登录"。具体代码略，可参见随书赠送的项目资源代码。

（5）分栏目显示新闻信息列表，采用 div 层来设计，版面设计为一行显示 3 个栏目，其余的栏目换行显示。具体设计代码如下所示：

```
1.    <div
2.        style="width: 390px; height: 300px; float: left; text-align: top; margin: 3px 3; padding: 0px;">
3.        <table background="/NewsReleaseSystem/ch11/images/line_c.jpg"
4.            width="393" height="290" cellspacing="0" cellpadding="0" style="margin: 0px;">
5.          <tr>
6.            <th width="390" height="30" scope="row" valign="top">
7.             <div>
8.              <table>
9.                <tr>
10.                   <td bgcolor="pink" width="390" height="30">
11.                   <img src="/NewsReleaseSystem/ch11/images/new.gif"></img>
12.           <font color="red"><a href ="#"><%=titleBar3.getTitleBarName()%></a></font>
13.                   </td>
14.                </tr>
15.                <%
16.                  NewsContentDao newsContentDao = new NewsContentDaoImpl();
17.                  List newsContentList = newsContentDao.newsSelectListByTitleBarID(titleBar3);
18.                  for(int k=0;k<newsContentList.size();k++)
19.                   {
20.                     NewsContent newsContent = (NewsContent) newsContentList.get(k);
21.                %>
22.                <tr>
```

```
23.              <td width="390" height="30">
24.              <img src="/NewsReleaseSystem/ch11/images/icon_arrow_r.gif"></img> 
                 <a href="#"><%=newsContent.getTitleName() %></a>
25.              </td>
26.          </tr>
27.      <%
28.              }
29.      %>
30.      </table>
31.      </div>
32.      </th>
33.      </tr>
34.      </table>
35.      </div>
36.      <%
37.              }
38.          }
39.      %>
40. </div>
41. <%
42.      }
43. }
44. %>
```

（6）打开"czmec.cn.news.ch11.Dao"包下的"NewsContentDao.java"接口，在接口中添加一个根据新闻栏目 ID 获取新闻列表的方法 newsSelectListByTitleBarID(NewsTitleBar bar)。

（7）打开"czmec.cn.news.ch11.Dao.DaoImpl"包下的"NewsContentDaoImpl.java"，实现这个方法，部分具体代码如下：

```
1.   Connection conn = null;     // 数据库连接
2.          PreparedStatement pstmt = null;     // 创建PreparedStatement对象
3.          ResultSet rs = null;     // 创建结果集对象
4.          List newsList = new ArrayList();
5.          String sql   = "select a.*,b.titleBarName as titleBarName, c.userRealName as personName
     from newsContent as a,titleBar as b , userInfo as c where a.titlebarID=b.titleBarID and
     a.writerID=c.userID ";
6.          if(bar !=null)
7.          {
8.              if(String.valueOf(bar.getTitleBarID())!="")
9.              sql += " and b.titleBarID= '" + bar.getTitleBarID() + "' ";
10.             }
11.         try
12.     {
```

```
13.        conn = this.getConn();
14.        pstmt = conn.prepareStatement(sql);
15.            rs =   pstmt.executeQuery();
16.            while (rs.next())
17.            {
18.                NewsContent newscontent = new NewsContent();
19.                newscontent.setAddDate(rs.getString("addDate"));
20.                newscontent.setContent(rs.getString("content"));
21.                newscontent.setContentAbstract(rs.getString("contentAbstract"));
22.                newscontent.setKeyWords(rs.getString("keyWords"));
23.                newscontent.setNewID(rs.getInt("newID"));
24.                newscontent.setTitlebarID(rs.getString("titlebarID"));
25.                newscontent.setTitleName(rs.getString("titleName"));
26.                newscontent.setWriterID(rs.getInt("writerID"));
27.                newscontent.setTitleBarName(rs.getString("titleBarName"));
28.                newscontent.setPersonName(rs.getString("personName"));
29.                newsList.add(newscontent);
30.            }
31.        }catch(Exception e)
32.        {
33.            e.printStackTrace();
34.        }
35.        return newsList;
36.        …
```

实现的新闻前台展示页面运行部分效果图如图 11-8 所示。

图 11-8　新闻前台展示页面效果图

第 12 章　使用 EL 和 JSTL 继续简化 JSP 页面开发

 **本章简介**

  EL 表达式是 JSP2.0 中引入的一个新的内容，通过它可以简化 JSP 页面开发中对对象引用的步骤，进而规范页面代码，增加程序的可读性和可维护性。JSTL 是 JSP 技术提供的 Java 核心标签库，使用 JSTL 可以取代在传统 JSP 页面中嵌入大量 Java 代码的做法，从而大大提高程序的可维护性。本章将对 EL 表达式语言的语法、运算符及隐式对象进行详细的介绍，对 JSTL 核心标签库的主要常用标签用法进行详细的讲解。在此基础上将 EL 表达式和 JSTL 引入"新闻发布系统"，继续对 JSP 页面进行优化。

  本书的案例采用 Myeclipse8.0+Tomcat6.0+JDK1.6+SQLServer2000 平台实现一个完整的"新闻发布系统"。

 **本章学习目标**

- 了解 EL 表达式的基本语法。
- 掌握 EL 表达式的运算符及优先级。
- 会使用 EL 的隐式对象和函数。
- 掌握 JSTL 在页面中的引用和几种常用的标签（如流程控制、循环、判断等）的用法。
- 会使用 EL 和 JSTL 简化 JSP 页面。

 本章任务

使用 EL 和 JSTL 继续升级、优化"新闻发布系统"。

- 任务一：实现后台新闻内容的修改功能。
- 任务二：实现后台新闻内容的删除功能。
- 任务三：完善新闻前台展示页面的详细新闻页面功能。

12.1　EL 表达式

12.1.1　EL 表达式的作用

  使用 JSP 的标准动作可以简化 JSP 页面的开发，在操作 JavaBean 时，当 JavaBean 的属性属于简单的、基本的数据类型（如 String 类型）时能够实现类型的自动转换。但是如果

JavaBean 的属性类型不是基本类型，而是一个 Object 类型，该如何访问呢？

请读者仔细阅读如下案例：

有一个幼儿园类 Kindergarten.java，类中有老师-teacher、幼儿-child 和厨师-cook 三个属性，而这三个属性分别为 Teacher.java 类、Child.java 类和 Cook.java 类对应的实例。部分代码如下所示：

（1）幼儿园类 Kindergarten.java 部分代码：

```
1.    public class Kindergarten
2.    {
3.        private Teacher   teacher;
4.        private Child   child;
5.        private Cook cook;
6.        //用属性的 getter 和 setter 方法
7.        …
8.    }
```

（2）幼儿类 Child.java 类的部分代码如下：

```
1.    public class   Child
2.    {
3.        private String   name;
4.        private String   fatherName;
5.        private int age;
6.        //用属性的 getter 和 setter 方法
7.        …
8.    }
```

如果想获取 Kindergarten 类型的属性 child 的 fatherName 属性值，及获取幼儿园里孩子父亲的姓名，只能在 JSP 的页面中加入如下 Java 脚本来实现：

```
1.    <%
2.        Kindergarten    kindergarten =( Kindergarten    ) request.getAttribute("kindergarten");
3.        Child child   =   (Child)kindergarten.getChild();
4.        String fatherName = child.getFatherName();
```

如果学习了 EL 表达式后，再来处理同样类型的问题，可以直接使用下面一行代码实现：

```
${ kindergarten .child.fatherName}
```

在 EL 表达式没有出现之前，开发 JSP 程序时，经常需要将大量的 Java 代码嵌入到 JSP 页面中，使得 JSP 页面看起来异常凌乱，不易维护。使用 EL 则会使页面变得更加简洁。

12.1.2　EL 语法

EL（Expression Language，表达式语言）的语法非常简单，其语法结构为：${expression}。简单地说，就是用"${"开头，以"}"结尾，中间是一个 Java 表达式。表达式可以是一个常量，也可以是一个变量。如果是常量字符串，则需要用 ' ' 引用起来，如${'中国'}，它可以直接将结果在 JSP 页面中输出。

EL 表达式的操作符如表 12-1 所示。

表 12-1　EL 表达式的操作符

操　作　符	功能和作用
.	访问一个 bean 属性或者 Map entry
[]	访问一个数组或者链表元素
()	对子表达式分组，用来改变赋值顺序
? :	条件语句，如：条件?ifTrue:ifFalse 如果条件为真，则表达式值为前者，反之为后者
+	数学运算符，加操作
−	数学运算符，减操作或者对一个值取反
*	数学运算符，乘操作
/或 div	数学运算符，除操作
%或 mod	数学运算符，模操作（取余）
==或 eq	逻辑运算符，判断符号左右两端是否相等，如果相等返回 true，否则返回 false
!=或 ne	逻辑运算符，判断符号左右两端是否不相等，如果不相等返回 true，否则返回 false
<或 lt	逻辑运算符，判断符号左边是否小于右边，如果小于返回 true，否则返回 false
>或 gt	逻辑运算符，判断符号左边是否大于右边，如果大于返回 true，否则返回 false
<=或 le	逻辑运算符，判断符号左边是否小于或者等于右边，如果小于或者等于返回 true，否则返回 false
>=或 ge	逻辑运算符，判断符号左边是否大于或者等于右边，如果大于或者等于返回 true，否则返回 false
&&或 and	逻辑运算符，与操作符。如果左右两边同为 true 返回 true，否则返回 false
||或 or	逻辑运算符，或操作符。如果左右两边有任何一边为 true 返回 true，否则返回 false
!或 not	逻辑运算符，非操作符。如果对 true 取运算返回 false，否则返回 true
empty	用来对一个空变量值进行判断：null、一个空 String、空数组、空 Map、没有条目的 Collection 集合
func(args)	调用方法，func 是方法名，args 是参数，可以没有，或者有一个、多个参数。参数间用逗号隔开

12.1.3　EL 表达式的使用

1．使用 EL 访问数据

EL 提供 "." 和 "[ ]" 两种运算符来存取数据。

如果要访问 JavaBean 对象 userInfo 的 name 属性，则可以用下面的方法实现：

```
${userInfo.name}
${userInfo[name]}
```

如果要存取的属性名称中包含一些特殊字符（如.或?等并非字母或数字的符号），就一定要使用 "[ ]"。例如：${user.My-Name}应当改为${user["My-Name"]}。

如果要动态取值，就可以用 "[ ]" 来做，而 "." 无法做到动态取值。例如：${sessionScope.user[data]}，其中 data 是一个变量。

（1） "." 操作符的使用。

在 "ch12_1" 文件夹下创建一个 JSP 页面 Exam_DotOperate.jsp，在这个页面中使用 "czmec.cn.news.ch09.entity" 包中的 "UserInfo.java" 类，部分代码如下：

1. `<body>`
2. `<jsp:useBean id="userInfo" class="czmec.cn.news.ch09.entity.UserInfo" scope="request"></jsp:useBean>`
3. `<jsp:setProperty property="userName" name="userInfo" value="张三"/>`
4. `<jsp:setProperty property="userPass" name="userInfo" value="1234"/>`
5. 姓名：`${userInfo.userName }<br/>`
6. 密码：`${userInfo.userPass + '12'} <br/>`
7. 姓名：`${userInfo["userName"]}<br/>`
8. 密码：`${userInfo["userPass"] + '12'} <br/>`
9. `</body>`

上面的 EL 表达式的使用还增加了使用 EL 表达式进行算术运行的例子，运行界面如图 12-1 所示。

图 12-1 "."操作符的使用案例

（2）"[ ]"操作符获取 List 集合中的元素。

在"ch12_1"文件夹下创建一个 JSP 页面 Exam_ListOperate.jsp，部分代码如下：

1. `<body>`
2. `<%`
3. `List list = new ArrayList();`
4. `list.add("苹果");`
5. `list.add("香蕉");`
6. `list.add("菠萝");`
7. `list.add("哈密瓜");`
8. `session.setAttribute("list",list);`
9. `%>`
10. `<%`
11. `List list1 = (List)session.getAttribute("list");`
12. `for(int i=0;i<list1.size();i++)`
13. `{`
14. `request.setAttribute("l",i);`
15. `%>`
16. `${l }:${list[l] }<br/>`
17. `<%} %>`

运行结果如图 12-2 所示。

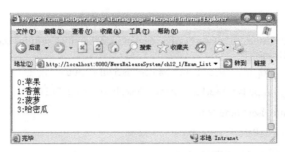

图 12-2 "[]" 操作符的使用案例

2. 在 EL 中判断对象是否为空

在 EL 表达式中，判断对象是否为空，可以使用运算符 empty 来实现。该运算符是一个前缀运算符，用来确定一个对象或变量是否为 null 或空。其格式如下：

${empty expression}

其中 expression 用于指定要判断的变量或对象。

如要通过 empty 运算符判断对象 userInfo 是否为空，可以使用如下代码：

${empty userInfo}

或

${ not empty userInfo}

返回值为 true 或 false。

请读者阅读如下代码示例：

```
1.    <body>
2.    <%
3.    request.setAttribute("num1", 1);
4.    request.setAttribute("num2", "");
5.    request.setAttribute("num3", null);
6.
7.    %>
8.    num1: ${empty num1 }<br/>
9.    num2: ${empty num2 }<br/>
10.   num3: ${empty num3 }<br/>
11.   </body>
```

运行结果如图 2-3 所示。

图 12-3　empty 操作符的使用

3. 在 EL 中进行条件运算

请读者阅读使用三元表达式\${A?B:C}进行下拉列表判断的案例，在 Exam_Con1.jsp 页面中输入下拉列表的 value 值，跳转到 Exam_Con2.jsp 页面后根据用户输入的值进行下拉列表的选中判断：

（1）Exam_Con1.jsp 页面主要代码如下：

```
1.    <body>
2.    <form action="Exam_Con2.jsp" method="post">
3.        <input type="text" name="num"/>
4.        <input type="submit" value="sub"/>
5.    </form>
```

（2）Exam_Con2.jsp 页面主要代码如下：

```
1.    <body>
2.    <select>
3.        <option value="1">option1</option>
4.              <option value="2" ${param.num==2 ? "selected" : ""}>option2</option>
5.    </select>
6.    <body>
```

运行界面 Exam_Con1.jsp，如图 12-4 所示。

当在上述页面中输入"1"提交后，进入的页面将选中"option1"下拉列表，如果输入"2"，则将选中"option2"下拉列表，如图 12-5 和图 12-6 所示。

图 12-4 条件运算符示例（一）

图 12-5 条件运算符示例（二）

图 12-6 条件运算符示例（三）

12.2 EL 隐式对象

JSP 有 9 个隐式对象，而 EL 也有自己的隐式对象，它是一组标准的类，JSP 容器向用户提供类中的方法和变量。EL 隐式对象共有 11 个，按照功能上的区分，这些隐式对象可以分为 6 类，如图 12-7 所示。

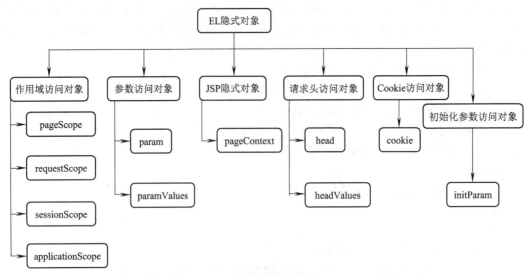

图 12-7　EL 隐式对象分类

具体的隐式对象说明如表 12-2 所示。

表 12-2　隐式对象说明

对 象 类 型	隐 式 对 象	对 应 关 系
JSP 隐式对象	pageContext	提供对用户请求和页面信息的访问，当前页的 pageContext 对象
作用域访问对象	pageScope	返回页面范围内的变量名，把 page 作用域中的数据映射为一个 map 对象
	requestScope	返回请求范围内的变量名，把 request 作用域中的数据映射为一个 map 对象
	sessionScope	返回会话范围内的变量名，把 session 作用域中的数据映射为一个 map 对象
	applicationScope	返回应用范围内的变量名，把 application 作用域中的数据映射为一个 map 对象
参数访问对象	param	返回客户端的请求参数的字符串值，对应 request.getParameter()
	paramValues	返回映射至客户端的请求参数的一组值，对应 request.getParameterValues()
请求头访问对象	header	对应 request.getHeader()
	headerValues	对应 request.getHeaderValues()
Cookie 访问对象	cookie	对应 request.getCookies()
初始化参数访问对象	initParam	对应 ServletContext.getInitParamter()

12.2.1　JSP 隐式对象用法

JSP 和 EL 有一个公共的对象 pageContext，可以使用$\{pageContext\}$来取得其他有关用户要求或页面的详细信息。pageContext 对象用法如表 12-3 所示。

表 12-3 pageContext 对象用法

表 达 式	说 明
${pageContext.request.queryString}	取得请求的参数字符串
${pageContext.request.requestURL}	取得请求的 URL，但不包括请求的参数字符串，即 servlet 的 HTTP 地址
${pageContext.request.contextPath}	服务的 webapplication 的名称
${pageContext.request.method}	取得 HTTP 的方法（GET、POST）
${pageContext.request.protocol}	取得使用的协议（HTTP/1.1、HTTP/1.0）
${pageContext.request.remoteUser}	取得用户名称
${pageContext.request.remoteAddr}	取得用户的 IP 地址
${pageContext.session.new}	判断 session 是否为新的，所谓新的 session，表示刚由 server 产生而 client 尚未使用
${pageContext.session.id}	取得 session 的 ID
${pageContext.servletContext.serverInfo}	取得主机端的服务信息

这个对象可以有效地改善代码的硬编码问题，如页面中有一个 A 标签链接访问一个 Servlet，如果写死了该 Servlet 的 HTTP 地址，那么当该 Servlet 的 Servlet-Mapping 改变的时候必须要修改源代码，这样维护性会大打折扣。

12.2.2 作用域访问对象用法

与范围有关的 EL 隐式对象包含以下 4 个：pageScope、requestScope、sessionScope 和 applicationScope，它们基本上与 JSP 的 pageContext、request、session 和 application 一样。需要注意的是，这 4 个隐式对象只能用来取得范围属性值，即 JSP 中的 getAttribute(String name)，却不能取得其他相关信息。

例如，JSP 中的 request 对象除可以存取属性之外，还可以取得用户的请求参数或表头信息等，但是在 EL 中，它就只能单纯用来取得对应范围的属性值。如要在 session 中存储一个属性，它的名称为 username，在 JSP 中使用 session.getAttribute("username") 来取得 username 的值，在 EL 中则使用 ${sessionScope.username}。

不过有 2 点要注意的是：

（1）如果要用 EL 输出一个常量，字符串要加双引号，否则 EL 会默认把你认为的常量当做一个变量来处理。这时如果这个变量在 4 个声明范围不存在，则会输出空；如果存在，则输出该变量的值。

（2）如果在获取变量时，不使用作用域访问对象，则系统就会按照 page、request、session、application 的顺序来查找。

12.2.3 参数访问对象用法

参数访问对象有两个：param 和 paramValues。在 JSP 页面中经常会接收其他页面或 servlet 传递过来的参数，在取得用户参数时通常使用以下方法：

```
request.getParameter(String name)
request.getParameterValues(String name)
```

在 EL 中可以使用 param 和 paramValues 来取得数据：

${param.name}

${paramValues.name}

这里 param 的功能和 request.getParameter(String name)相同，而 paramValues 和 request.getParameterValues(String name)相同。

如果用户填了一个表格，表格名称为 username，则就可以使用${param.username}来取得用户填入的值。

下面是使用 param 和 paramValues 来获取表单数据的案例。

（1）Exam_param1.jsp 页面的部分代码如下所示：

```
1.    <body>
2.    <form action="Exam_param2.jsp" method="post" >
3.        <input type="text" name="num1" value="1" />
4.        <input type="text" name="num1" value="2" />
5.        <input type="text" name="num1" value="3" />
6.        <input type="text" name="num2" value="4" />
7.        <input type="submit" value="sub"/>
8.    </form>
9.    </body>
```

（2）Exam_param2.jsp 页面的主要代码如下所示：

```
1.    <body>
2.    使用 paramValues 获取 num1 的第三个数值是：${paramValues.num1[2] }<br/>
3.    使用 param 获取的 num2 的数值是：${param.num2 }
4.    </body>
```

Exam_param1.jsp 页面运行结果如图 12-8 所示。

单击"sub"按钮后，进入 Exam_param2.jsp 页面，如图 12-9 所示。

图 12-8　Exam_param1.jsp 页面运行结果　　图 12-9　Exam_param2.jsp 页面

12.2.4　请求头访问对象用法

请求头访问对象有两个：header 和 headerValues。

header 存储用户浏览器和服务端用来沟通的数据，当用户要求服务端的网页时，会送出一个记载要求信息的标头文件。例如：用户浏览器的版本、用户计算机所设定的区域等其他相关数据。

注意

　　因为 User-Agent 中包含"-"这个特殊字符，所以必须使用"[]"，而不能写成${header.User-Agent}。

12.2.5　cookie 访问对象用法

cookie 是一个小小的文本文件，它是以 key、value 的方式将 Session Tracking 的内容记录在该文本文件内，该文本文件通常存在于浏览器的暂存区内。假若在 cookie 中设定一个名称为 userCountry 的值，那么可以使用${cookie.userCountry}来取得它。

12.2.6　初始化参数访问对象用法

像其他属性一样，可以自行设定 web 站台的环境参数（Context），若想取得这些参数：

```xml
<?xml version="1.0" encoding="ISO-8859-1"?>
<web-app xmlns="http://java.sun.com/xml/ns/j2ee"
xmlns:xsi="http://www.w3.org/2001/XMLSchema-instance"
xsi:schemaLocation="http://java.sun.com/xml/ns/j2ee/web-app_2_4.xsd"
version="2.4">:
<context-param>
<param-name>userid</param-name>
<param-value>mike</param-value>
</context-param>:
</web-app>
```

则可以直接使用${initParam.userid}来取得名称为 userid，其值为 mike 的参数。

下面是没有出现这个对象之前的做法：

```java
String userid = (String)application.getInitParameter("userid")
```

12.3　JSTL 标准标签库

JSTL（JSP Standerd Tag Library，JSP 标准标签库）包含用于编写和开发 JSP 页面的一组标准标签，它可以为用户提供一个无脚本环境，进而简化 JSP 页面的开发。JSTL 由 5 个功能不同的标签库组成：核心标签库、格式标签库、SQL 标签库、XML 标签库和函数标签库。

（1）核心标签库。

核心标签库主要用来完成 JSP 页面的常用功能，如输入、输出、流程控制、循环等。

（2）格式标签库。

格式标签库提供了一个简单的国际化标记，也通常被称为 I18N 标签库。这个标签库主要用来处理和解决国际化相关的问题。另外，格式标签库还提供了用于数字格式化及日期格式化的标签。

（3）SQL 标签库。

SQL 标签库提供了基本的访问数据库的能力。使用 SQL 标签，可以在页面中直接访问数据库，简化了对数据库的访问操作。

（4）XML 标签库。

XML 标签库可以处理和生成 XML 的标记，使用这些标记可以很方便地开发基于 XML 的 Web 应用程序。

（5）函数标签库。

函数标签库提供了一系列字符串操作函数，功能强大，可以用于分解字符串、返回子串、连接字符串等标签操作。

使用 JSTL 将带来如下好处：

1）简化了 JSP 和 Web 程序的开发。原来许多需要大量的 Java 代码才能完成的功能，用少量的 JSTL 标签即可完成，而且 JSTL 标签具有良好的可读性，易于理解；不论是程序编写者还是其他阅读程序的人，都容易理解 JSTL 标签的含义。

2）开发接口统一，便于在各种服务器之间进行移植。

在多层次式架构的 Web 信息系统中，JSTL 在表示层及在中间层对应用程序逻辑封装功能进行了良好的封装。

由于 JSTL 还不是 JSP2.0 规范中的一部分，因此在使用它之前，需要安装并配置 JSTL。将 JSTL 配置到自己的应用程序环境中目前有以下两种常用方法：

（1）直接下载 JSTL 的 Jar 包并将 JSTL 配置到自己的应用程序环境中。

步骤如下：

1）从网址 http://archive.apache.org/dist/jakarta/taglibs/standard/可以得到 binaries 子目录中的 zip 文件。

2）解压缩 zip 包，在 lib 目录下可得到 jstl.jar 和 standard.jar 两个包。

3）把这两个文件复制到当前 Web 应用的"WEB-INF/lib"目录中，JSTL 即在当前 Web 应用中可用。

4）如果要在所有的 Web 应用中可用，可以把这两个文件复制到 Tomcat 安装目录的"common/lib"目录下。在解压得到的 tld 子目录中还有许多 tld 文件，这些是 JSTL 标签的描述文件，内容为 XML 格式。无需复制和配置这些 tld 文件，即可直接使用 JSTL，这是因为在 standard.jar 包的 META-INF 目录下已有这些 tld 文件。

（2）使用 MyEclipse 集成开发环境。

在 MyEclipse 集成开发环境中使用 JSTL 就不用自己下载相关文件了。在项目中使用 JSTL 标签的步骤如下：

在创建一个新工程时，选择"MyEclipse"→"New"→"Web Project"选项后，弹出的对话框如图 12-10 所示。

图 12-10　在项目中添加 JSTL 标签（一）

如果项目是基于 J2EE1.4 的，则需要选中"Add JSTL libraries to WEB-INF/lib folder?"复选框，此时 MyEclipse 会将 JSTL1.1 添加到项目的 WEB-INF\lib 目录下。如果打开这个目录，会看到多了两个 JAR 文件（jstl.jar 和 standard.jar），同时在 WEB-INF 目录下会生成很多个 tld 文件。

如果项目是基于 JavaEE5.0 的，则需要选中"Java EE 5.0"单选按钮，此时 JavaEE5.0 已经将 JSTL 标签包括其中，并不需要用户选中复选框了，它会被自动选中，如图 12-11 所示。

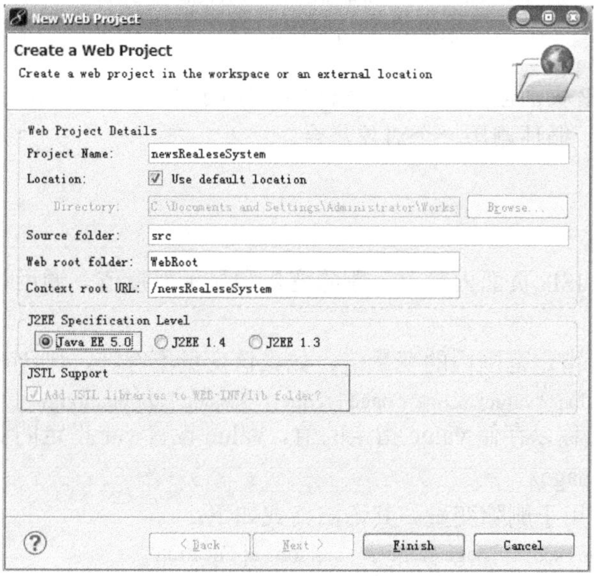

图 12-11　在项目中添加 JSTL 标签（二）

当将 JSTL 标签库的 Jar 包添加到应用程序中后，不能直接使用 JSTL 标签进行 JSP 页面的开发。

要想在 JSP 页面中使用这些标签，还需要在每个需要使用这些标签的页面的顶部使用 <%@taglib%> 指令定义引用的标签库和访问前缀。

taglib 是 JSP 指令的一种，它的作用是在 JSP 页面中将标签库描述文件（.tld）引入该页面中，并设置前缀，利用标签的前缀去使用标签库描述符文件中的标签。Taglib 指令的语法如下：

<%@ taglib uri="标签库描述符文件" prefix="前缀名" %>

以引用核心标签库为例，指令代码如下：

<%@ taglib prefix="c" uri = "http://java.sun.com/jsp/jstl/core"%>

上述指令中的属性"prefix"指定标签的前缀，前缀可以随便定义，这里定义为"c"，属性"uri"则不能随便写。上述值 http://java.sun.com/jsp/jstl/core 是将 JSTL 的核心标签库引入到页面中，如果需要将格式标签库也引入到页面中，可以使用如下指令：

<%@ taglib prefix="fmt" uri = "http://java.sun.com/jsp/jstl/fmt"%>

12.4　JSTL 核心标签库

JSTL 核心标签库按功能划分为 3 类：通用标签库、条件标签库、迭代标签库和 url 标签，如图 12-12 所示。

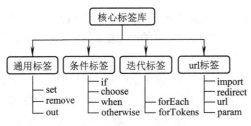

图 12-12　JSTL 核心标签库

通用标签用于 JSP 页面创建的变量。条件标签用于对 JSP 页面中的代码进行条件判断和处理，而迭代标签用于循环遍历一个对象集合。

12.4.1　通用标签

通用标签用于在 JSP 页面内设置、删除变量和显示变量值。通用标签共有 3 个：set、remove、out。

1）<c:set>：设置指定范围内的变量值，如果该变量不存在，则创建它。语法如下：

```
<c:set var="name" value="value" scope="page | request | session | application" />
```

var 指定变量的名称以存储 value 指定的值，value 设置 var 指定的变量的值，scope 指定变量的范围，默认为 page。

2）<c:remove>：用于删除变量。其语法格式如下：

```
<c:remove var="name" scope="page | request | session | application" />
```

其中，var 指定要删除的变量的名称，scope 指定变量的范围。

3）<c:out>计算表达式并将结果显示在页面上。其语法如下：

```
<c:out value="value" />
```

value 指定表达式或变量。

在"ch12_1"文件夹下创建一个"Exma_CommonTag.jsp"页面，主要代码如下所示：

```
1.   <%@ page language="java" import="java.util.*" pageEncoding="GBK"%>
2.   <%@ taglib uri="http://java.sun.com/jsp/jstl/core" prefix="c"%>
3.   <!DOCTYPE HTML PUBLIC "-//W3C//DTD HTML 4.01 Transitional//EN">
4.   <html>
5.     <head>
6.       <title>通用标签的用法</title>
7.     </head>
8.   <body>
9.     <c:set var="age" value="${38+5}" scope="session"></c:set>
10.    age的值为：<c:out value="${age}" />
11.    <c:remove var="age" scope="session" />
12.  <jsp:useBean id="userInfo" class="czmec.cn.news.ch09.entity.UserInfo"></jsp:useBean>
13.  <jsp:setProperty property="userName" name="userInfo" value="小兵张嘎"/>
14.  <c:set var="name" value="${userInfo.userName}" scope="session"></c:set>
15.  <c:out value="${name}"></c:out>
16.  </body>
17.  </html>
```

上述代码的第 9 行设置 age 的值为 43，并且把变量保存在 session 中；第 10 行使用 out 标签在页面上显示变量 age 的值；第 11 行使用 revove 标签将变量 age 从 session 中删除；第 12～15 行是 JSP 标准动作和 JSTL 标签结合在一起使用的经典情况。上述的 12～15 行代码，相当于以前写的如下 Java 脚本及表达式的作用：

```
1.    <%
2.    UserInfo userInfo = new czmec.cn.news.ch09.entity.UserInfo();
3.    String name =   userInfo.setUserName("小兵张嘎");
4.    session.setAttribute("name",name);
5.    %>
6.    <%=session.getAttribute("name")%>
```

运行结果如图 12-13 所示。

图 12-13　通用标签的用法（一）

使用<c:set>标签还可以设置某个对象的属性值，可以使用 target 和 property 属性，其中 target 属性指向某个对象，porperty 属性指定对象的属性。如果在上述案例中增加如下代码：

```
1.    <!-- 使用set设置某个对象的属性 -->
2.    <c:set target="${userInfo}" property="userPass" value="123456789"></c:set>
3.    <c:out value="${userInfo.userPass}"></c:out>
```

上述代码将会为 userInfo 这个 JavaBean 对象的 userPass 属性设值为"123456789"，并在页面中输出，运行界面如图 12-14 所示。

图 12-14　通用标签的用法（二）

12.4.2　条件标签

在 JSP 页面中使用 JSP 标准动作时，无法实现业务逻辑和程序流程的控制，需要使用 Java 脚本来实现。条件标签可以用来实现逻辑判断，从而实现页面的跳转。条件标签有 4 个，它们的用法很相似，这里主要介绍 if 标签的用法，其语法如下：

```
<c:if test="condition" var="name" scope="page">
    //条件为 true 时，执行的代码
</c:if>
```

test 指定条件，是必选属性，通常使用 EL 方式进行条件的运算：${条件运算}，运算符可以使用<、>、==、也可以使用 and、or，还可以使用 lt、eq、gt 等。

var 指定变量，可选属性，该变量用于保存 test 属性的判断结果，如果该变量不存在就创建它。

scope 指定变量的范围，默认为 page。

编写一个 Exam_If.jsp 页面，使用<c:if>标签判断保存用户名的参数 userName 是否为空，并将判断的结果保存到变量 result 中，如果为空，则页面不跳转；如果不为空，则输出当前用户名及欢迎信息。Exam_If.jsp 页面的部分代码如下所示：

```
1.    <head>
2.        <title>if标签的用法-根据是否登录显示不同的内容 </title>
3.    </head>
4.    <body>
5.    <c:if var="result" test="${empty param.userName}">
6.        <form method="post" action="">
7.            用户名 ：<input name="userName" type="text" /><br/>
8.            <input type="submit" name="submit" value="登录 ">
9.        </form>
10.   </c:if>
11.   <c:if test="${!result}">
12.       欢迎[<font color="red">${param.userName }</font>]光临我们公司的网站！！！
13.   </c:if>
14.   </body>
```

运行界面如图 12-15 所示。

当直接单击"登录"按钮时，由于 if 标签返回值为空，因此页面并没有变化。若输出内容后单击"登录"，则会进入如图 12-16 所示的页面。

图 12-15　if 标签的用法（一）

图 12-16　if 标签的用法（二）

12.4.3　迭代标签

在页面中的表格中如果要动态显示数据，则可以在页面中嵌入 Java 脚本来实现遍历 List 将数据显示在表格中，但这会使页面非常混乱、不易维护。而迭代标签可以实现类似的功能，且大大简化了 JSP 页面的开发。

迭代标签用于多次计算标签的标签体，类似于流程控制的 for 循环语句。迭代标签有两个，即 forEach 和 forTokens。这里主要介绍 forEach 的用法，其语法格式如下：

```
<c:forEach items="collection" var="name"begin="start"
 end="finish"step="step" varStatus="statusName">
    //循环体内容
</c:forEach>
```

1）var：用于指定循环体变量的名称，该变量用于存储 items 指定的对象的成员。

2）items：用于指定要遍历的对象集合，多用于数组与集合类，可以省略。该属性的属性值可以是数组、List 和 Map，且可以通过 EL 进行指定。

3）begin：指定循环的起始位置，如果没有指定则从集合的第一个值开始，可以用 EL。

4）end：指定循环的终止位置，如果没指定则迭代到集合的最后一个值，可以使用 EL。

5）step：用于指定循环步长，可以用 EL。

6）varStatus：用于指定循环的状态变量。该属性有 4 个值：index，整型，当前循环的索引值，从 0 开始；count，整型，当前循环的循环计数，从 1 开始；first，布尔型，是否为第一次循环；last，布尔型，是否为最后一次循环。

7）标签体：可以使 JSP 页面可以显示的任何元素。

将上述案例进行修改：当输入用户名后，在页面上打印出 5 条欢迎记录，部分代码如下所示：

```
1.    <c:if test="${!result}">
2.       <c:forEach    begin="1" end="5">
3.          欢迎[<font color="red">${param.userName }</font>]光临我们公司的网站！！！ <br/>
4.       </c:forEach>
5.    </c:if>
```

运行结果如图 12-17 所示。

图 12-17　迭代标签的用法

12.5　使用 EL 和 JSTL 标准动作继续简化 JSP 页面的开发

12.5.1　开发任务

使用 EL 和 JSTL 继续升级、优化"新闻发布系统"。

任务一：实现后台新闻内容的修改功能。

任务二：实现后台新闻内容的删除功能。

任务三：完善新闻前台展示页面的详细新闻页面功能。

训练技能点：

1）会使用 EL 的隐式对象和函数。

2）会使用 EL 和 JSTL（如流程控制、循环、判断）简化 JSP 页面。

12.5.2 具体实现

准备阶段：

1）创建 "ch12" 包，将 "ch11" 包中的资源全部复制进来，并将复制过来的资源引用全部都修改为 "ch12" 包中的资源引用。

2）创建一个 "ch12" 文件夹，将 "ch11" 文件夹中的资源全部复制进来，并将复制过来的资源引用都修改为 "ch12" 包中的资源引用。

任务一：实现后台新闻内容的修改功能

【步骤】：

（1）打开 "ch12" 文件夹下的 "NewsContentList.jsp" 页面，在新闻列表表格的最后一列添加一个表头 "修改"，代码如下所示：

```
1.    <td   height="29" class="admintd">
2.        <div align="center">修改</div>
3.    </td>
```

继续在这个表格中为 "修改" 表头添加对应的数据项。当用户单击该数据项时，页面将跳转到对应行的新闻内容修改页面 "EditNewsContent.jsp"，代码如下所示：

```
1.    <td   valign="middle" height="29"   class="admincls0" >
2.      <div align="center"> 
3.       <a href="EditNewsContent.jsp?newsID=<%=newsContent2.getNewID() %>">修改</a>
4.      </div>
5.    </td>
```

（2）在 "czmec.cn.news.ch12.JavaBean" 包下创建一个 "GetNewsContentDetailBean.java" JavaBean 类。在该类中定义一个属性 "newsID"，并创建这个属性的 getter 和 setter 方法。定义 setter 方法是为了在 JSP 的页面上使用动作标签<jsp:setProperty>为这个 JavaBean 类赋值。

继续在该类中创建一个根据新闻 ID 获取新闻内容的方法 "getNewsContentDetail()"。为了在页面中使用 EL 表达式调用该方法，该方法的方法名必须符合 JavaBean 类的 getter 方法的规范，即方法名必须是 "get" 开头，而 "get" 后面的名称的第一个字母大写，即 "NewsContentDetail"，不需要定义 getter 方法对应的属性，就可以在页面中使用 EL 表达式（即 "${对象名.方法名}"）直接调用其方法获取数值。创建这个 JavaBean 类 "GetNews ContentDetailBean.java" 要继承 "BaseDao.java" 类，如图 12-18 所示。

图 12-18　JavaBean 类的创建

主要代码如下所示：

```
1.    package czmec.cn.news.ch12.JavaBean;
2.    import java.sql.Connection;
3.    import java.sql.PreparedStatement;
4.    import java.sql.ResultSet;
5.    import czmec.cn.news.ch05.util.BaseDao;
6.    import czmec.cn.news.ch12.entity.NewsContent;
7.    public class GetNewsContentDetailBean extends BaseDao {
8.        private int newsID;
9.        public int getNewsID() {
10.           return newsID;
11.       }
12.       public void setNewsID(int newsID) {
13.           this.newsID = newsID;
14.       }
15.       public NewsContent getNewsContentDetail( )
16.       {
17.           Connection conn = null;     // 数据库连接
18.           PreparedStatement pstmt = null;     // 创建PreparedStatement对象
19.           ResultSet rs = null;     // 创建结果集对象
20.           NewsContent newscontent = null;
```

```
            String sql    = "select a.*,b.titleBarName as titleBarName, c.userRealName as personName
21.    from newsContent as a,titleBar as b , userInfo as c where a.titlebarID=b.titleBarID and
       a.writerID=c.userID ";
22.             if(String.valueOf(getNewsID()) !=null)
23.             {
24.                 sql += " and a.newID='" + getNewsID() + "' ";
25.             }
26.             try
27.         {
28.         conn = this.getConn();
29.         pstmt = conn.prepareStatement(sql);
30.             rs =    pstmt.executeQuery();
31.             while (rs.next())
32.             {
33.                 newscontent = new NewsContent();
34.                 newscontent.setAddDate(rs.getString("addDate"));
35.                 newscontent.setContent(rs.getString("content"));
36.                 newscontent.setContentAbstract(rs.getString("contentAbstract"));
37.                 newscontent.setKeyWords(rs.getString("keyWords"));
38.                 newscontent.setNewID(rs.getInt("newID"));
39.                 newscontent.setTitlebarID(rs.getString("titlebarID"));
40.                 newscontent.setTitleName(rs.getString("titleName"));
41.                 newscontent.setWriterID(rs.getInt("writerID"));
42.                 newscontent.setTitleBarName(rs.getString("titleBarName"));
43.                 newscontent.setPersonName(rs.getString("personName"));
44.             }
45.         }catch(Exception e)
46.         {
47.                 e.printStackTrace();
48.         }
49.         return newscontent;
50.         }
51.    }
```

（3）在"ch12"文件夹中创建"EditNewsContent.jsp"页面。在该页面中尽量采用 EL、JSTL 和 JSP 的标准动作来实现页面的简化。

1）首先在页面中使用 JSP 的标准动作及 JSTL 等获取上一个页面传递过来的参数，代码如下所示：

```
1.    <!--定义一个隐藏的文本框用来接收上一个页面传递过来的新闻ID,即newsID -->
2.    <input type="hidden" value="${param.newsID }" name="textNewsID"/>
3.
4.    <!-- 类似地，定义两个变量barID和barName用来接收上一个页面传递过来的新闻栏目ID和名称  -->
5.        <tag:set var="barID" value="${requestScope.barID}"></tag:set>
6.        <tag:set var="barName" value="${requestScope.barName}"></tag:set>
7.
```

8.　　<!--基于EL表达式获取保存在session作用域内的login_user对象并保存在session作用域内的login变量中 -->

9.　　　　<tag:set var = "login" value="${login_user}" scope="session" ></tag:set>

2）使用<jsp:useBean>结合 JSTL 获取当前日期，代码如下所示：

1.　　<!-- 在session作用域下创建一个"common"对象 -->

2.　　<jsp:useBean id="common" class="czmec.cn.news.ch12.common.Common"></jsp:useBean>

3.　　<!--基于EL表达式调用common对象中的getSystemCurrentDate（）方法获取当前系统日期并存储在currentDate变量中-->

4.　　<tag:set var="currentDate" value="${common.systemCurrentDate}"></tag:set>

3）继续使用<jsp:useBean>创建对象"getNewsDetailBean"，并为其属性"newsID"赋值。该属性是专门为"getNewsDetailBean"对象中的"getNewsContentDetail()"方法传递参数的，代码如下所示：

1.　　<!-- 在session作用域下创建一个"getNewsDetailBean"对象 -->

2.　　　　<jsp:useBean id="getNewsDetailBean" class="czmec.cn.news.ch12.JavaBean.GetNewsContentDetailBean" scope="session"></jsp:useBean>

3.　　<!-- 为getNewsDetailBean对象中的newsID属性赋值，其值为传递过来的参数newsID-->

4.　　<jsp:setProperty property="newsID" name="getNewsDetailBean" param="newsID"/>

5.　　<!-- 调用getNewsDetailBean对象中的 getNewsContentDetail()方法获取单击新闻的详细内容,并保存在session作用域的"newsDetail"变量中-->

6.　　<tag:set var="newsDetail" value="${getNewsDetailBean.newsContentDetail}" scope="session"></tag:set>

4）继续设计页面"EditNewsContent.jsp"，完善新闻内容修改页面，页面效果如图 12-19 所示。

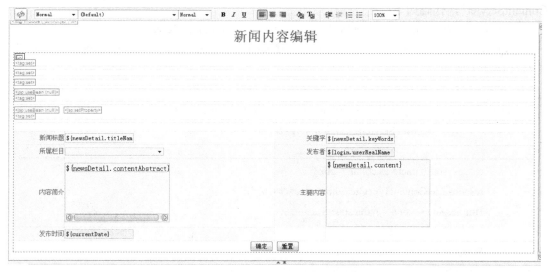

图 12-19　新闻内容编辑页面效果

5）当页面跳转到新闻内容编辑页面时，根据新闻所属的新闻栏目 ID 加载新闻栏目名称，并将新闻名称选中显示在下拉列表中，代码如下：

1.　　<select name="newsTitleBarName" id="newsTitleBarName" >

2.　　<%

3.　　 NewsTitleBarDao newsbarDao = new NewsTitleBarDaoImpl();

```
4.    GetNewsContentDetailBean getNewsContentBean = new GetNewsContentDetailBean();
5.    String newsContentID = request.getParameter("newsID");
6.    getNewsContentBean.setNewsID(Integer.parseInt(newsContentID));
7.    NewsContent newsContent2 =  getNewsContentBean.getNewsContentDetail();
8.    List l =  newsbarDao.getAllNewsTitleBar();
9.    for(int i=0;i<l.size();i++)
10.    {
11.            NewsTitleBar   newsTitleBar = (NewsTitleBar)l.get(i);
12.            out.print("<option ");
13.        if(newsContent2.getTitlebarID().equals(String.valueOf(newsTitleBar.getTitleBarID())))
14.            out.print("selected ");
15.       else
16.            out.print("");
17.       out.print(">");
18.       out.print(newsTitleBar.getTitleBarID()+"-" +newsTitleBar.getTitleBarName());
19.       out.print(" </option>");
20.    }
21.   %>
22.  </select>
```

6）修改新闻内容编辑页面的 form，当提交"修改"按钮时将页面跳转到 servlet "EditNews ContentServlet"，代码如下：

```
<form name="form1"method="post" action="../servlet/EditNewsContentServlet">
```

（4）在包"czmec.cn.news.ch12.servlet"中创建 servlet "EditNewsContentServlet.java"，部分代码如下所示：

```
1.    …
2.    public void doGet(HttpServletRequest request, HttpServletResponse response)
3.                throws ServletException, IOException {
4.
5.        request.setCharacterEncoding("gbk");
6.        response.setContentType("text/html;charset=gbk");
7.        HttpSession session = request.getSession();
8.        //获取用户输入的数据
9.        String titlename = request.getParameter("titlename");
10.       String keyWords = request.getParameter("keyWords");
11.       String contentAbstract = request.getParameter("contentAbstract");
12.       String content = request.getParameter("content");
13.       String newsTitleBarID = ((request.getParameter("newsTitleBarName")).split("-"))[0];
14.       String newsID = request.getParameter("textNewsID");
15.       NewsContent news = new NewsContent();
16.       news.setContent(content);
```

264

```
17.        news.setContentAbstract(contentAbstract);
18.        news.setKeyWords(keyWords);
19.        news.setTitlebarID(newsTitleBarID);
20.        news.setTitleName(titlename);
21.        news.setNewID(Integer.parseInt(newsID));
22.        NewsContentDao newsContentDao = new NewsContentDaoImpl();
23.        int rtn = newsContentDao.newsEdit(news);
24.        if(rtn == 1)
25.        {
26.            session.setAttribute("mesg","修改成功！");
27.        }
28.        else
29.        {
30.            session.setAttribute("mesg","修改失败！");
31.        }
32.        response.sendRedirect("../ch12/success.jsp");
33.    }
34. …
```

运行"ch12"文件夹下的登录页面，当以下图中的"发布人"孙华林登录成功后，单击左边导航栏中的"新闻内容维护"，页面效果如图 12-20 所示。

图 12-20　新闻列表页面

当单击图 12-20 中的第二行的"修改"链接时，页面将跳转到新闻详细信息页面 NewsDetail.jsp，在此页面中可以修改已经发布的新闻内容，如图 12-21 所示。

图 12-21　新闻详细内容页面

至此，新闻内容修改功能基本完成。当前登录用户进入新闻列表管理页面后，如果有些新闻并不是当前登录用户发布的，这时需要将"修改"按钮换成"删除"按钮。打开"ch12"文件夹下的"NewsContentList.jsp"页面，修改代码如下：

```
1.    <div align="center"> 
2.          <%
3.            UserInfo   user = (UserInfo)session.getAttribute("login_user");
4.            if((user.getUserID())== newsContent2.getWriterID())
5.            {
6.          %>
          <a href="EditNewsContent.jsp?newsID=<%=newsContent2.getNewID()%>
7.              &barID=<%=newsContent2.getTitlebarID() %>
              &barName=<%=newsContent2.getTitleBarName() %>">修改</a>
8.          <%
9.            }
10.         else
11.         {
12.       %>
13.            删除
14.        </div>
15.      </td>
16.  <%  }   %>
17.    <%
18.      }
19.    }
20.  %>
```

当用"孙岩"登录后，他不能修改"孙华林"发布的新闻，"修改"链接变成了不可用状态，如图 12-22 所示。

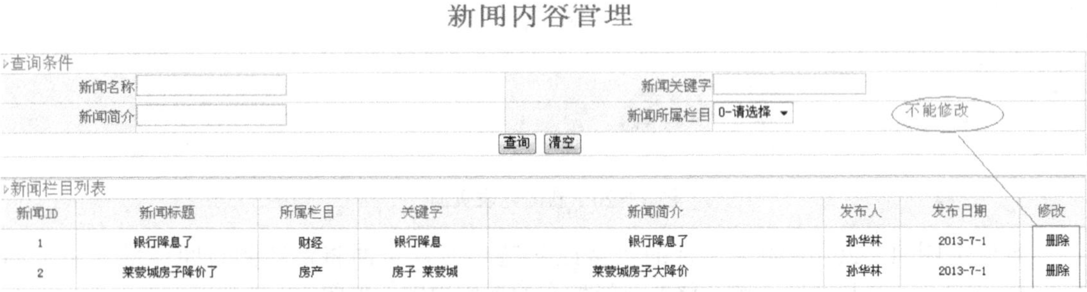

新闻内容管理

图 12-22　"修改"按钮换成"删除"按钮

任务二：实现后台新闻内容的删除功能

【步骤】：

（1）打开"ch12"文件夹下的"NewsContentList.jsp"页面，在新闻列表表格的最后一列添加一个表头"删除"，代码如下所示：

```
1.    <td   height="29" class="admintd">
2.        <div align="center">删除</div>
3.    </td >
```

　　继续在这个表格中为"删除"表头添加对应的数据项。当用户单击该数据项时，页面将跳转到对应行的新闻内容修改页面"EditNewsContent.jsp"，代码如下所示：

```
1.   <td   valign="middle" height="29"   class="admincls0" >
2.     <div align="center"> 
3.       <%
4.       if((user.getUserID())== newsContent2.getWriterID())
5.         {
6.       %>
7.        <a href="DeleteNewsContentServlet?newsID=<%=newsContent2.getNewID()%>">
         删除</a>
8.       <%
9.         }
10.      else
11.        {
12.      %>
13.          删除
14.      </div>
15.    </td>
16.   <%   }   %>
```

　　（2）打开"czmec.cn.news.ch12.Dao.DaoImpl"包下的"NewsContentDaoImpl.java"类，完善方法"newsDel()"，实现基于 newsID 删除新闻的功能，部分代码如下所示：

```
1.    public int newsDel(NewsContent news) {
2.        String sql = "delete from newsContent where newID=?";
3.        String param[] = {String.valueOf(news.getNewID())};
4.        int rtn = 0;
5.        try {
6.          rtn = this.executeSQL(sql, param);//直接使用父类中的executeSQL方法执行查询
7.          if(rtn>0) {
8.            System.out.println("删除新闻成功！");
9.
10.           }
11.        else{
12.            System.out.println("删除新闻失败");
13.
14.           }
15.        } catch (Exception e) {
16.            e.printStackTrace();
17.        }
18.      return rtn;
19.  }
```

　　（3）在"czmec.cn.news.ch12.servlet"包下创建"DeleteNewsContentServlet.java"servlet，主要代码如下所示：

```
1.    …
2.    public void doGet(HttpServletRequest request, HttpServletResponse response)
3.                  throws ServletException, IOException {
4.
5.        request.setCharacterEncoding("gbk");
6.        response.setContentType("text/html;charset=gbk");
7.        HttpSession session = request.getSession();
8.        //获取用户输入的数据
```

```
9.          String newsID = request.getParameter("newsID");
10.         NewsContent news = new NewsContent();
11.         news.setNewID(Integer.parseInt(newsID));
12.         NewsContentDao newsContentDao = new NewsContentDaoImpl();
13.         int rtn = newsContentDao.newsDel(news);
14.         if(rtn == 1)
15.         {
16.             session.setAttribute("mesg","删除成功！");
17.         }
18.         else
19.         {
20.             session.setAttribute("mesg","删除失败！");
21.         }
22.         response.sendRedirect("../ch12/success.jsp");
23.     }
24.     …
```

运行"ch12"文件夹下的登录页面，当以"发布人"孙华林登录成功后，单击左边导航栏中的"新闻内容维护"，页面效果如图 12-23 所示。

新闻内容管理

▷查询条件
新闻名称		新闻关键字
新闻简介		新闻所属栏目 0-请选择 ▾

查询　清空

▷新闻栏目列表

新闻ID	新闻标题	所属栏目	关键字	新闻简介	发布人	发布日期	修改	删除
1	银行降息了	财经	银行降息	银行降息了	孙华林	2013-7-1	修改	删除
2	莱蒙城房子降价了	房产	房子 莱蒙城	莱蒙城房子大降价	孙华林	2013-7-1	修改	删除

图 12-23　新闻列表页面

当单击图 12-23 中的第二行的"删除"链接时，将会将第三行的数据删除。

任务三：完善新闻前台展示页面的详细新闻页面功能

【步骤】：

（1）打开"ch12/fromt"文件夹下的"index.jsp"页面，修改部分代码如下所示：

```
1.  <tr>
2.    <td width="390" height="30">
        <img src="/NewsReleaseSystem/ch12/images/icon_arrow_r.gif"></img> 
3.    <a href="NewsDetail.jsp?newsID=<%=newsContent.getNewID() %>"
      target="blank"><%=newsContent.getTitleName() %></a>
4.    </td>
5.  </tr>
```

（2）在"front"文件夹下创建新闻详细页面"NewsDetail.jsp"，部分代码如下所示：

```
1.  <!-- 在session作用域下创建一个&ldquo;getNewsDetailBean&rdquo;对象 -->
2.      <jsp:useBean id="getNewsDetailBean"
    class="czmec.cn.news.ch12.JavaBean.GetNewsContentDetailBean" scope="session"></jsp:useBean>
3.      <!-- 为 getNewsDetailBean对象中的newsID属性赋值，其值为传递过来的参数 newsID-->
4.      <jsp:setProperty property="newsID" name="getNewsDetailBean" param="newsID" />
5.      <!-- 调用getNewsDetailBean对象中的 getNewsContentDetail()方法获取单击新闻的详细内容，并
    保存在session作用域的&ldquo;newsDetail&rdquo;变量中-->
```

```
6.      <c:set var="newsDetail2" value="${getNewsDetailBean.newsContentDetail}"
    scope="session"></c:set>
7.      <table width="800" cellspacing="1" cellpadding="0"  class="admintable" align="center">
8.        <tr>
9.          <td colspan="2" align="center"><font size="7" color="red"><b>新闻详细内容</b></font></td>
10.       </tr>
11.       <tr>
12.           <td height="29" class="admintd" width="20%" align="right">
13.               <font size="5" color="red">新闻标题：</font>
14.           </td>
15.           <td align="left" height="29" class="admincls0">
16.               <c:out value="${newsDetail2.titleName}"></c:out>
17.           </td>
18.       </tr>
19.       <tr>
20.           <td height="29" class="admintd" width="20%" align="right">
21.               <font size="5" color="red">发布人：</font>
22.           </td>
23.           <td align="left" height="29" class="admincls0">
24.               <c:out value="${newsDetail2.personName}"></c:out>
25.           </td>
26.       </tr>
27.       <tr>
28.           <td height="29" class="admintd" width="20%" align="right">
29.               <font size="5" color="red">发布时间：</font>
30.           </td>
31.           <td align="left" height="29" class="admincls0">
32.               <c:out value="${newsDetail2.addDate}"></c:out>
33.           </td>
34.       </tr>
35.       <tr>
36.           <td height="29" class="admintd" width="20%" align="right">
37.               <font size="5" color="red">关键字：</font>
38.           </td>
39.           <td align="left" height="29" class="admincls0">
40.               <c:out value="${newsDetail2.keyWords}"></c:out>
41.           </td>
42.       </tr>
43.       <tr>
44.           <td height="29" class="admintd" width="20%" align="right">
45.               <font size="5" color="red">简介：</font>
46.           </td>
47.           <td align="left" height="29" class="admincls0">
48.               <c:out value="${newsDetail2.contentAbstract}"></c:out>
49.           </td>
50.       </tr>
51.       <tr>
52.           <td height="29" class="admintd" width="20%" align="right">
53.               <font size="5" color="red">新闻内容：</font>
54.           </td>
55.           <td align="left" height="29" class="admincls0">
56.               <c:out value="${newsDetail2.content}"></c:out>
```

57.	\</td>
58.	\</tr>
59.	\</table>

运行界面如图 12-24 所示。

图 12-24　新闻前台页面

单击图 12-24 中的任意一个新闻列表中的新闻标题，可查看新闻详细信息，如图 12-25 所示。

图 12-25　新闻详细页面

【知识点拓展练习】：

（1）当单击图 12-26 中的导航条时，将会进入某个新闻栏目列表页面"NewsListByBar.jsp"。

图 12-26　新闻导航条

（2）在"NewsListByBar.jsp"页面中单击某个新闻标题，进入新闻详细信息页面"News Detail.jsp"显示详细新闻信息。

请实现上述功能。

参 考 文 献

[1] 飞思科技产品研发中心. JSP 应用开发详解[M]. 2 版. 北京：电子工业出版社，2005.

[2] 冯燕奎，等. JSP 实用案例教程[M]. 北京：清华大学出版社，2008.

[3] 叶若芬. JSP 实用教程[M]. 北京：中国铁道出版社，2008.

[4] 蒋卫祥，等. JSP 程序设计[M]. 上海：东华大学出版社，2013.

[5] 高峰. JSP 开发之路[M]. 北京：电子工业出版社，2009.

[6] 马建红. JSP 应用与开发技术[M]. 北京：清华大学出版社，2011.